日文E-mail看这本就够了

大全集

[日] 左仓雅邦 / 著
[日] 寺刚勇雄 / 审订

江苏凤凰科学技术出版社

图书在版编目（CIP）数据

日文E-mail看这本就够了大全集 /（日）左仓雅邦著
.-- 南京：江苏凤凰科学技术出版社, 2016.12（2019.3重印）
（易人外语）
ISBN 978-7-5537-7356-8

Ⅰ. ①日… Ⅱ. ①左… Ⅲ. ①电子邮件－日语－写作
Ⅳ. ①TP393.098

中国版本图书馆CIP数据核字(2016)第260005号

日文E-mail看这本就够了大全集

著　　者	[日]左仓雅邦
审　　订	[日]寺刚勇雄
责任编辑	张远文　葛　昀
责任监制	曹叶平　方　晨
出版发行	江苏凤凰科学技术出版社
出版社地址	南京市湖南路 1 号 A 楼，邮编：210009
出版社网址	http://www.pspress.cn
印　　刷	天津旭丰源印刷有限公司
开　　本	718 mm × 1 000 mm　1/16
印　　张	17.5
版　　次	2016年12月第1版
印　　次	2019年3月第2次印刷
标准书号	ISBN 978-7-5537-7356-8
定　　价	38.00元

图书如有印装质量问题，可随时向我社出版科调换。

日本是一个很不一样的国家。日本人遵守秩序，注重礼节，事事谨慎，与日本人合作过的都知道他们工作态度严谨。和日本人下班后一起吃过饭喝过酒的人更是知道，他们工作时认真的态度跟他们下班后放松的程度是成正比的。日本与中国在文化以及人文习性方面相差甚远，却又有着密不可分的联系。

在中国有为数众多的日企，和日本有商业往来的企业不计其数，因此各行各业的上班族，都有机会和日本人接触。在以往，商务联络多以电话为主，遇到重要事情则会出差拜访。但是现在，E-mail是所有企业节省时间及费用的最佳选择。只是，日文E-mail和作文不同，该怎么着手呢？许多在日企上班的朋友们在每天打卡之后为这个问题伤透了脑筋。

本书精选商务往来中最有可能遇到的情境，汇编成72封E-mail，通过这些E-mail，让读者可以和自己所遇到的情境互相对照，灵活套用。并且借由重点句解说，使读者对商用日文能够有更深一步的认识，最后再通过单词的补充，帮助读者掌握更多和日本人发E-mail时可能会用到或者看到的单词，从而轻松处理公事。

学日文的人很多，学了不会用的人更多。尤其是许多人上了一阵子日文课，还没见到日本人却已经被迫要和对方联系，电话里不敢开口讲，想要用E-mail来联系，才发现自己只能呆坐在电脑前。大家在遇到这种情况时，脑中应该都曾闪过一个共同的念头：该怎么办呢？现在，手拿这本书的你应该知道该怎么办了：日文E-mail，看这本就够了！

佐倉雅邦

日文E-mail 写作指南

日文E-mail 实例集

Unit 1 社交篇 | 人間関係（にんげんかんけい）

Unit 2 申请篇 | 申し込み（もうしこみ）

Unit 3 求职篇 | 就職活動（しゅうしょくかつどう）

Unit 4 感谢篇 | 感謝（かんしゃ）

Unit 5 邀请篇 | 招待（しょうたい）

Unit 6 通知篇 | 通知、知らせ（つうち、しらせ）

Unit 7 询问篇 | 問合せ、照会（といあわせ、しょうかい）

Unit 8 请求篇 | 依頼、お願い（いらい、おねがい）

Unit 9 催促篇 | 督促（とくそく）

Unit 10 慰问篇 | 見舞い（みまい）

Part 3 日文E-mail 常见用语

Part 1 日文E-mail
写作指南

★ 日文E-mail看这本就够了大全集 ★

01 日文E-mail写作的あいうえお原则

1あ 挨拶——招呼

无论跟对方再怎么熟，事情再怎么紧急，发电子邮件时基本的招呼语都是必不可少的。在进入主题之前，千万记得挨拶。这部分，可参考Part 3的常见用语。

2い 意図、一件——企图，打算，一件（事）

很多人会习惯在同一封信里面交代好几件不同的事，虽然也会分点叙述，但却会分散焦点，令人弄不清楚你想表达的是哪件事，因此写信时必须将你的“意図”明确化。这一点在日文E-mail里面非常重要，即便是附带要传达的内容，也最好另外写一封新的E-mail，也就是一封E-mail里面只写“一件”事情，而这也有利于日后查找。

3う 上と下——上与下

就算没学过日文的人，大部分也都清楚，日本是个上下阶级（上下関係）分得很清楚的国家，而这种文化直接地反映在日文里，就是说“敬語”。公司内部的等级清楚，“上”和“下”的关系自然清楚，不过要是双方为交易对象，不管是买方或卖方，都会对彼此抱着对等的意识，且由于联络内容多为公事，因此也多会使用敬语，也就是把对方看作“上”的对象。坊间已有许多说明敬语的专门书籍，这边就不再多加解释，仅针对实例中较重要的敬语用法进行说明，但读者仍可以与其他书籍交互参阅。

8

1 日文E-mail写作指南建立完整写作基础：

在 Part 1 中收录了三大部分，为各位学习者讲解基础日文写作概念及电脑使用实用技巧，不但能够让 E-mail 的写作逻辑更加完整，也能提高工作效率！

Part 2 日文E-mail 实例集

2 日文E-mail 这样写就对了：

本单元收录超过 70 篇不同情境下的日文E-mail，让各位学习者足以应付各种场合。本单元的版面模拟电子邮箱界面，让各位可以迅速了解各栏位的使用方式，再搭配中文翻译，让大家快速掌握日文写作。遇到紧急状况的时候，可以直接套用，只需几分钟就能完成一封邮件，工作效率高到惊人！

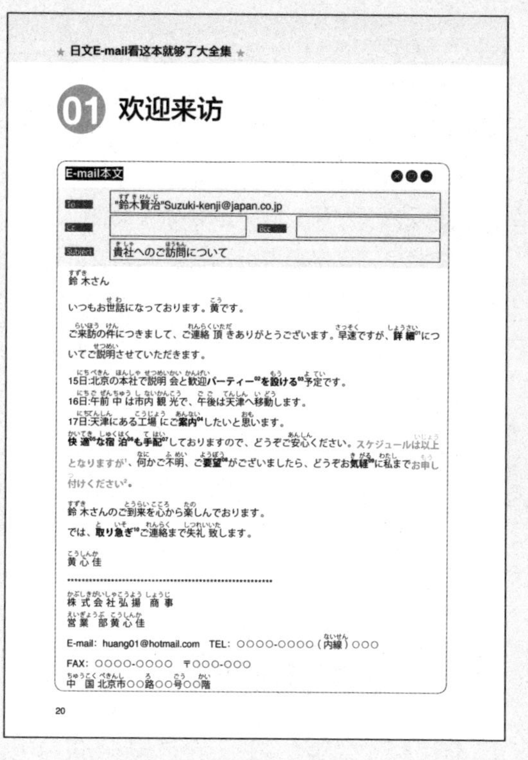

★ 日文E-mail看这本就够了大全集 ★

01 欢迎来访

E-mail本文

To: "鈴木賢治"Suzuki-kenji@japan.co.jp

Cc:　　Bcc:

Subject: 貴社へのご訪問について

鈴木さん

いつもお世話になっております。黄です。

ご来訪の件につきまして、ご連絡頂きありがとうございます。早速ですが、**詳細**[01]についてご説明させていただきます。

15日:北京の本社で説明会と歓迎**パーティー**[02]**を設ける**[03]予定です。
16日:午前中は市内観光で、午後は天津へ移動します。
17日:天津にある工場にご**案内**[04]したいと思います。
快適[05]な**宿泊**[06]も**手配**[07]しておりますので、どうぞご安心ください。スケジュールは以上となりますが[1]、何かご不明、ご**要望**[08]がございましたら、どうぞお**気軽**[09]に私までお申し付けください[2]。

鈴木さんのご到来を心から楽しんでおります。
では、**取り急ぎ**[10]ご連絡まで失礼致します。

黄心佳

****

株式会社弘揚商事
営業部黄心佳

E-mail: huang01@hotmail.com　TEL：○○○○-○○○○（内線）○○○

FAX：○○○○-○○○○　〒○○○-○○○

中国北京市○○路○○号○○階

20

3 日文E-mail 语法重点解析：

在每篇情境E-mail里，以变色、粗体标示的句子中含有大多数学习者容易犯错或混淆的语法点。作者特别针对此处做了完整的解析，避免大家再犯错。

★ 日文E-mail看这本就够了大全集 ★

日文E-mail 语法重点解析

重点句解说

1.【緊急】休暇願い

由于这类E-mail属于公司内部文书，因此在书写时会力求精简，易懂，只要把时间，理由分条列出即可。如果是临时遇到什么状况请假，甚至可以在前面加上"【緊急】"，以引起对方注意。

2. 文化习俗

在日本，上班族的健康管理被视为个人工作能力的一环。如果不小心感冒了，除非有不得不亲自处理的事情，不然大多数日本人会选择在家休养。或许有人认为，勉强到公司上班是为公司尽心尽力，但是大多数人认为身体欠佳不仅工作效率会降低，而且如果不小心传染给其他同仁，会造成公司运作上更大的问题。因此，早日把病养好，以良好的健康状况回到工作岗位是大多数日本人的选择。

日文E-mail 高频率使用例句：

本书特别收录各情境下使用率最高的例句，让各位学习者能够替换例句使用，写出更个性化的日文E-mail。

可能会遇到的句子

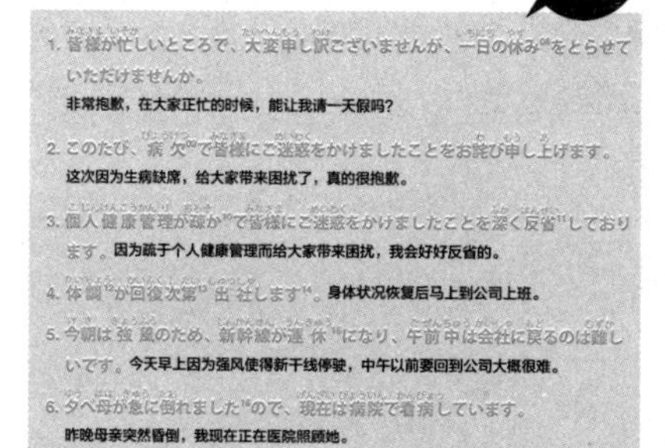

日文E-mail 高频率使用例句

1. 皆様が忙しいところで、大変申し訳ございませんが、一日の休み[08]をとらせていただけませんか。
非常抱歉，在大家正忙的时候，能让我请一天假吗？
2. このたび、病欠[09]で皆様にご迷惑をかけましたことをお詫び申し上げます。
这次因为生病缺席，给大家带来困扰了，真的很抱歉。
3. 個人健康管理が疎か[10]で皆様にご迷惑をかけましたことを深く反省[11]しております。因为疏于个人健康管理而给大家带来困扰，我会好好反省的。
4. 体調[12]が回復次第[13]出社します[14]。身体状况恢复后马上到公司上班。
5. 今朝は強風のため、新幹線が運休[15]になり、午前中は会社に戻るのは難しいです。今天早上因为强风使得新干线停驶，中午以前要回到公司大概很难。
6. 夕べ母が急に倒れました[16]ので、現在は病院で看病しています。
昨晚母亲突然昏倒，我现在正在医院照顾她。

42

5 必背关键单词：

在邮件中以变色编号标记的单词，即为该情境中经常使用且一定要会的关键单词；每个单词后都会补上假名与重音位置以便于发音，同时也会标注词性与中文释义，让学习者可以在学写日文E-mail的同时增加词汇量。

Part2 日文E-mail实例集 Unit 2 申请篇

必背关键单词

01. 休暇【きゅうか】⓪
名：休假

02. 承認【しょうにん】⓪
名/他Ⅲ：同意，批准，承认

03. 新型【しんがた】⓪
名：新型

04. インフルエンザ ❺
名：流行性感冒

05. 感染【かんせん】⓪
名/自Ⅲ：感染

06. 書類【しょるい】⓪
名：文件，资料

07. 診断書【しんだんしょ】❺
名：诊断书

08. 休み【やすみ】❸
名：休假，休息，就寝

09. 病欠【びょうけつ】⓪
名/自Ⅲ：因病缺席

10. 疎か【おろそか】❶
ナ：疏忽，草率

11. 反省【はんせい】⓪
名/他Ⅲ：反省，检讨，重新考虑

12. 体調【たいちょう】⓪
名：健康状况

13. 次第【しだい】⓪
接尾：立即，马上

14. 出社【しゅっしゃ】⓪
名/自Ⅲ：到公司上班，出勤

15. 運休【うんきゅう】⓪
名/他Ⅲ：停驶

16. 倒れる【たおれる】❸
自Ⅱ：倾倒，毁灭；昏倒，累倒

了解关键词之后，也要知道怎么写，试着写在下面的格子里。

43

Part3 日文E-mail常见用语

01. 常见头语和结语的组合

日语的“頭語（とうご）”和“結語（けつご）”分别相当于中文的启事敬词（敬启者等）和末启词（敬上等），但日语一般以书信种类区分，中文一般以对象来区分，因此不建议把两者视为相对应的内容。

一般书信

頭語　拝啓・拝呈・一筆申し上げます　**敬启者・谨呈・谨呈此信**

結語　敬具・拝具・かしこ（女性用語）・さようなら

敬启・谨启・敬具，敬白（女性用语）・再见

比较郑重的书信

頭語　謹啓・粛啓・謹呈　**敬启者・敬启者・谨呈**

結語　敬白・謹言・再拝・頓首・かしこ（女性用語）

敬白・谨启・敬启・顿首・敬具，敬白（女性用语）

紧急书信

頭語　急啓・急白・急呈

三者都相当于“拜启”，不过适用于紧急情况，并无特别对应中文

結語　草々・敬具・不一・かしこ（女性用語）

草草・谨启・书不尽言・敬具，敬白（女性用语）

重复寄送时

頭語　再啓・再呈・追呈・追啓　**以上都是“再次，重申”之意**

結語　敬具・拝具・再拝　**谨启・谨启・敬启**

前文省略时

頭語　前略・略啓・冠省　**前略・略启・敬启者**

結語　草々・不尽・不一・不備　**草草・后三者意思皆同“书不尽言”**

回信时

頭語　拝復・復啓・謹復　**敬复者・复启・谨复**

結語　敬具・拝具・拝答・かしこ（女性用語）

谨启・谨启・拜答・敬具，敬白（女性用语）

237

6 日文E-mail常见用语：

为了满足求职以及商业等各种E-mail写作需求，本书特别收录四大使用频率最高的日文E-mail常见用语，让各位学习者能够在最短的时间快速套用，想写什么主题都没问题，真正做到“遇到各种情境”都不怕！

Part 1

日文E-mail 写作指南

01 日文E-mail写作的あいうえお原则

1あ 挨拶(あいさつ)——招呼

无论跟对方再怎么熟，事情再怎么紧急，发电子邮件时基本的招呼语都是必不可少的。在进入主题之前，千万记得挨拶(あいさつ)。这部分，可参考Part 3的常见用语。

2い 意図(いと)、一件(いっけん)——企图，打算，一件（事）

很多人会习惯在同一封信里面交代好几件不同的事，虽然也会分点叙述，但却会分散焦点，令人弄不清楚你想表达的是哪件事，因此写信时必须将你的“意図(いと)”明确化。这一点在日文E-mail里面非常重要，即便是附带要传达的内容，也最好另外写一封新的E-mail，也就是一封E-mail里面只写“一件(いっけん)”事情，而这也有利于日后查找。

3う 上(うえ)と下(した)——上与下

就算没学过日文的人，大部分也都清楚，日本是个上下阶级（上下関係(じょうげかんけい)）分得很清楚的国家，而这种文化直接地反映在日文里，就是说“敬語(けいご)”。公司内部的等级清楚，“上(うえ)”和“下(した)”的关系自然清楚，不过要是双方为交易对象，不管是买方或卖方，都会对彼此抱着对等的意识，且由于联络内容多为公事，因此也多会使用敬语，也就是把对方看作“上(うえ)”的对象。坊间已有许多说明敬语的专门书籍，这边就不再多加解释，仅针对实例中较重要的敬语用法进行说明，但读者仍可以与其他书籍交互参阅。

4え 円滑(えんかつ)——圆滑

商业往来中难免有为了各自利益发生分歧的情况，在这种情况下坚持自己的原则固然重要，但也不能轻易破坏彼此的关系，因此“円滑(えんかつ)”的沟通技巧显得格外重要。适时地使用一些委婉的说法，是常识也是礼貌，读者可以参考“Part 3-04 委婉的说法”。

5お 思(おも)いやり——体贴

在书写时，一些便于读者阅读的小举动，可以让对方轻松、快速地阅读。

（1）一目了然的发送主旨（参考“Part1-02 图解日文E-mail八大组成要素”）。

（2）分条叙述，例如下面询问交易条件时：

①価格(かかく)　②支払(しはら)い方法(ほうほう)　③納品場所(のうひんばしょ)　④運送料(うんそうりょ)など

（3）重要内容以不同颜色、字体加粗、下划线等显眼方式表现，例如：5月(がつ)24日付(にちづけ)にて発注致(はっちゅういた)しました商品静電気式(しょうひんせいでんきしき)スイッチ（**注文番号(ちゅうもんばんごう)20100524-1号(ごう)**）。

（4）预先编辑好收件者姓名，让对方清楚知道这是寄给自己的信，同样预先编辑好自己的姓名让对方知道是谁写的，必须避免使用昵称而尽量使用全名。

○ 高橋圭吾(たかはしけいご) <xxx@xxx.xxx>

× Takahashi Keigo <xxx@xxx.xxx>

○ 圭吾(けいご) <xxx@xxx.xxx>

× 圭(けい)ちゃん <xxx@xxx.xxx>

02 图解日文E-mail八大组成要素

E-mail本文

To "田中健太(たなかけんた)" tanaka_kenta@yamato.co.jp

Cc

Bcc

Subject 貴社(きしゃ)へのご訪問(ほうもん)について

A

株式会社大和精密機器(かぶしきがいしゃやまとせいみつきき)

海外事業本部電子部品課(かいがいじぎょうほんぶでんしぶひんか)

田中(たなか)　健太(けんた)　様(さま)

B

C

D

E

F

G

****

株式会社弘揚電子(かぶしきがいしゃこうようでんし)

グローバル事業部営業課(じぎょうぶえいぎょうか)　日本担当(にほんたんとう)　藤原勝弥(ふじわらかつや)

E-mail：fujiwara_katuya@hotmail.com

TEL：○○○○-○○○○　(内線(ないせん))○○○

FAX：○○○○-○○○○

〒○○○-○○○

中国北京市(ちゅうごくぺきんし)○○路(ろ)○○号(ごう)○○階(かい)

H

1. 寄件人，收信人，副本抄送(Cc)及密件抄送(Bcc)，主旨

宛先情報、送信者、件名……………………见图 A

通常第一封邮件只需写明收信人以及主旨。而开始和对方合作之后，自然而然就会需要用到副本抄送(Cc)及密件抄送(Bcc)。在发邮件之前，请花一点时间将对方名字正确输入联络人卡（outlook功能），再用点选方式选择联络人。如此一来，对方便可以清楚知道邮件是发给他本人的。

主旨务必简单、明确，让对方从主旨就可以判断邮件内容，下面以初次写邮件给对方为例来看一看。

○ 株式会社弘揚電子の藤原からのご挨拶です。

（来自弘扬电子股份有限公司藤原的问候。）

× はじめまして、藤原です。（您好，我是藤原。）

上面第一句清楚表达了这封信是来自于哪家公司哪个人，并且清楚表示此邮件是一封问候信。写明公司是为了避免对方有认识的同名的人，写清主旨是为了让对方在第一时间便知道这一封信的大致内容是什么。

○ 18日の打ち合わせで使用する資料の確認 （跟您确认18日开会时所需的资料）

× 資料の確認（资料确认）

从上面两个例子我们可以看到下面的例句仅写了“资料确认”，如此一来对方便无法第一时间得知是什么资料，必须阅读信件之后才能得知，因此以简短的主旨表达出所要传达的内容，除了可以表现出尊重对方宝贵时间的态度以外，也可以显示出书写者是个能够用简洁文字来清楚传达信息的社会人士。这对于日本人来讲是很基础也很重要的一环。

此外，我们还可以使用某些特殊词句或标记来引起对方注意，让对方优先阅读你的信件，大致上有下列几种。另外，日本人习惯将这些用语放在【 】里面，因此主旨的写法就变成下列形式。

【緊急】○○○○，【重要】○○○○○，【至急】○○○○○

不过，这些字词主要从对方角度来使用，也就是说，多在对于对方来讲属于重要事项的

情况下使用。从自己的立场来讲，当然是每件事都很重要，但是若事事都要求对方重视，都在主旨打上【重要】两字，久了之后对方就会觉得无关紧要了。

2. 收信人的公司，头衔，全名

宛名（あてな）……………………见图 B

从 B 开始就正式进入日文E-mail写作了，因此需要注意的地方也格外重要，请各位多加留意。

如果是第一次用E-mail联络的对象，一般在开头，会依照顺序将对方公司名称，所属部门、头衔以及收信人全名如上图B所示书写。并且会在人名后面空一格加上“様（さま）”表示尊敬。待双方往来几次，彼此对对方有些许程度的了解之后，可省略公司及头衔，改以“○○様（さま）”或“○○さん”来称呼对方。

3. 头语，前文（时节问候语，感谢祝福语），自称

頭語（とうご）、前文（ぜんぶん）（時候挨拶（じこうあいさつ）、感謝祝福（かんしゃしゅくふく）の言葉（ことば））、名乗り（なのり）…………见图 C

所谓的头语，是指“謹啓（きんけい）”（敬启者）、“謹呈（きんてい）”（谨呈）等放在文章最前面的用语，和待会要说明的“开头语”有所不同，比较接近中文书信中的“敬词”。

通常在这一部分，必须先把自己的名字写上，让对方知道是你是谁。在日文的世界里这是基本常识。而在第一次写信给对方时，最好能够对你是从何得知对方联络方式的进行一简短说明。例如下面的句子。

謹啓（きんけい）　初冬（しょとう）の候（こう）、御社（おんしゃ）におきましては益々（ますます）のご繁栄（はんえい）の段（だん）、心（こころ）からお慶（よろこ）び申（もう）し上（あ）げます。

敬启，初冬时节，由衷祝福贵公司业务蒸蒸日上。

先日（せんじつ）国際（こくさい）電子（でんし）設備（せつび）展示会（てんじかい）で名刺（めいし）を交換（こうかん）させていただきました株式会社（かぶしきがいしゃ）弘揚（こうよう）電子（でんし）の藤原勝弥（ふじわらかつや）です。

我是日前在国际电子设备展和您交换过名片的弘扬电子的藤原胜弥。

这样可以唤起对方的记忆，让对方知道是在何时何地见过面，并且也恰当地表达了对对方的谢意，如此一来将有助于接下来主题的切入。

此外，初次和对方联系最好能加上一句感谢语，之后，除非是给总经理之类的高层主管写邮件或者是写比较正式的文章，不然一般业务上往来都需遵守E-mail简洁的原则，省略头

语、前语，而改用常见的招呼语或者感谢语。例如最常使用的下列两句。

いつもお世話になっており、ありがとうございます。**平日承蒙您照顾。**
お疲れさまです。**您辛苦了。**

也就是说，在第一封E-mail之后，会省去繁杂的问候语直接进入主题，如下所示。

いつもお世話になっております。藤原です。早速ですが、先日お問い合わせしました…
平日承蒙您照顾。我是藤原。今日来信，是想了解前几天向您打听的……

4. 正文

主文……………………见图 D

接下来就要进入主题了，在进入正文的部分之前，会先有一个开头语，一般常见的有“さて”，“早速ですが”等。当然，正文的部分也是一样要秉持着简洁、清楚的原则来书写。如下所示。

早速ですが、本件に入らせて頂きます。**那么让我马上进入主题。**
会場でご説明致しましたとおり、弊社の部品は貴社の設備により効率的稼動できるように設計しております。
诚如为您说明过的，本公司的零件，能够帮贵公司的设备提高工作效率。
つきましては、改めて貴社に詳しくご説明させて頂ければと存じております。
因此想改天专程拜访贵公司，为您进一步详细说明。

5. 文末

末文……………………见图 E

最后就是要感谢对方在百忙之中抽空阅读你的信件。一般最常见的结尾如下。如此既符合一般社会礼仪，又能表示出自己的尊重。

お忙しいのは承知しておりますが、ご検討頂ければ幸いです。
虽然知道您非常忙碌，如能得您审慎评估，不胜感激。

まずは略儀ながら、メールをもってご挨拶とご訪問の件の依頼を申しあげます。
虽然简略，先以此邮件跟您问候并期望您能考虑造访事宜。
何卒よろしくお願い申し上げます。**敬请多多指教。**

不过如果双方频繁往来，这一部分大多只用“よろしくお願いします”这种非常简短的形式。

6. 结语

結語……………………见图 F

结语一般都是和头语成对使用的。例如：“拝啓↔敬具”“拝呈↔拝具”，一般写在结束句子的最右边，如果结束句子刚好到底，则在换行的最右边书写。不过如同上面所说的头语的使用，目前除初次寄送或较为正式的文章以外，在一般业务往来，和头语一样，结语也会被省略。因此一般业务往来的E-mail书写流程大致顺序如下。

B“收信人之公司，头衔，全名”→ C“（取代头语，前语的）招呼语和自称”→ D“正文”→ E“结束祝福语”→ G“署名”→ H“签名档”

7. 署名

署名……………………见图 G

虽然在一开头就有写上自己的名字，但是最后的部分也别忘记加上，当然最好是写上全名。

8. 签名档

シグネチャ……………………见图 H

现在大多数人已经非常习惯在E-mail最后加上自己的签名档。但是还是需要注意，注明自己的公司名称、所属部门、名称、联络电话与分机号码、传真、公司地址等信息，以便对方和你联系。如图H。

03 如何在Windows系统下输入日文

在开始打一封日文E-mail之前，我们得先知道怎么在电脑上输入日语。在这里，我们以Windows 7的系统来说明如何新增免费的日文输入法。

1. 首先，我们可以在电脑桌面的右下角看到一个小键盘，如图1所示，右键点选小键盘。

2. 看到跟下图2一样的视窗跳出来时，将鼠标移到“设置（E）...”的地方之后，左键点选。

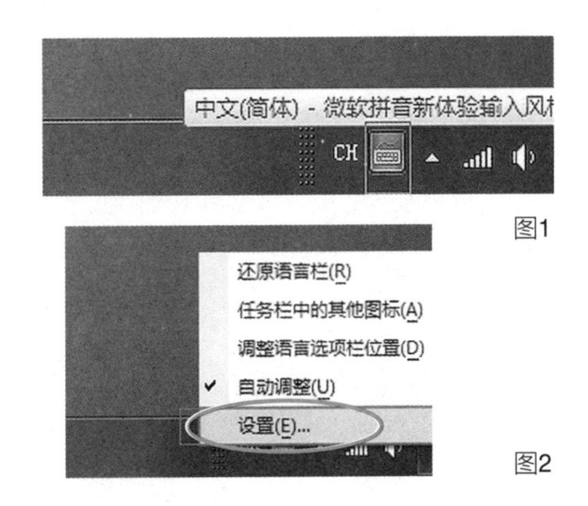

图1

图2

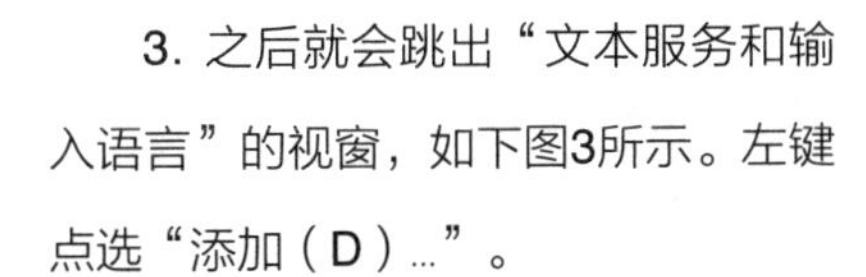

3. 之后就会跳出“文本服务和输入语言”的视窗，如下图3所示。左键点选“添加（D）...”。

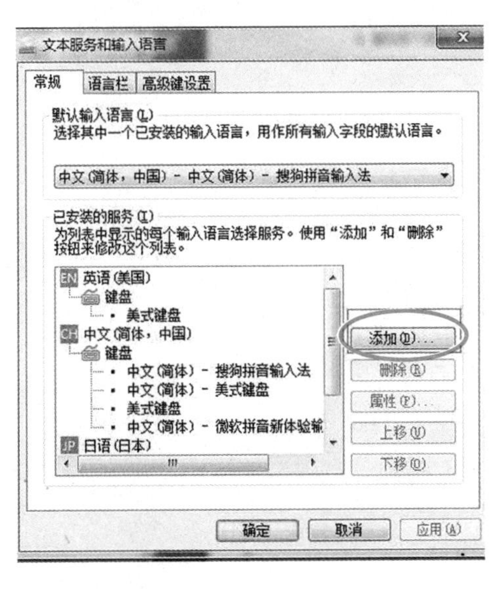

图3

4. 点选“添加（D）...”之后会再跳出一个“添加输入语言”的窗口，在其中找到“日语”。

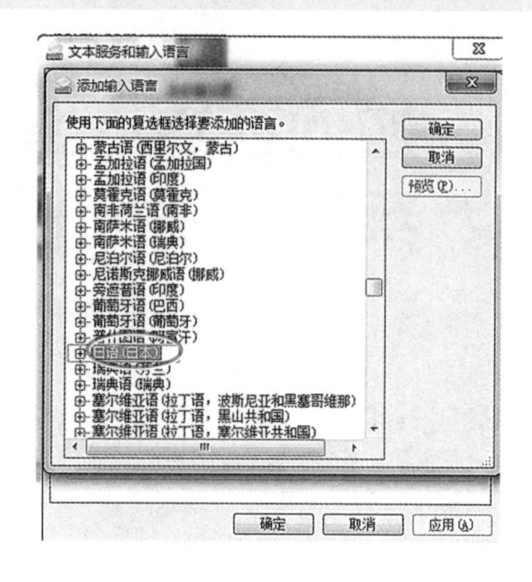

图4

5. 展开“日语”，并展开下面的键盘，勾选“Microsoft IME”，点击“确定”。

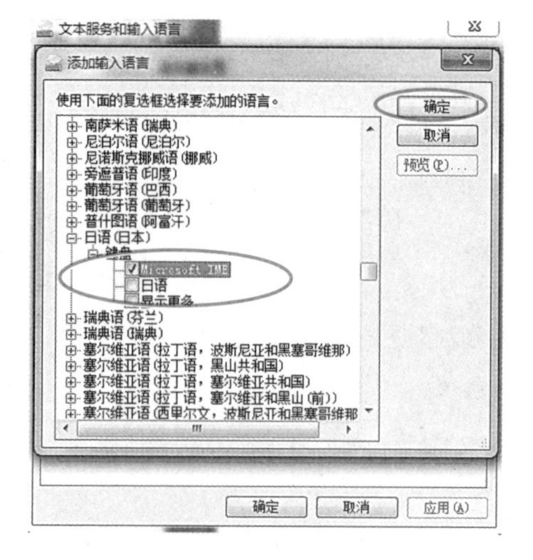

图5

6. 然后我们就会回到“文本服务和输入语言”这个窗口（图6），并且可以看到已经新增日文跟键盘，点击确定，就完成新增输入法了。

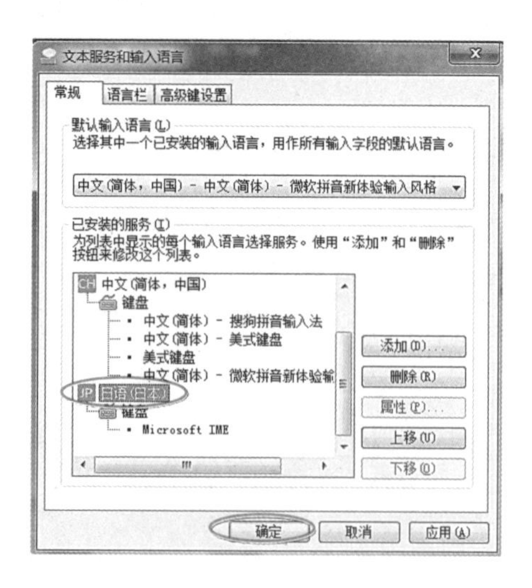

图6

7. 打开word文档将鼠标移到输入处，然后再到右下角的输入法工具列，左键单击“CH”，如图7所示，跳出可选择语言，当然，这里我们选“JP日文”。

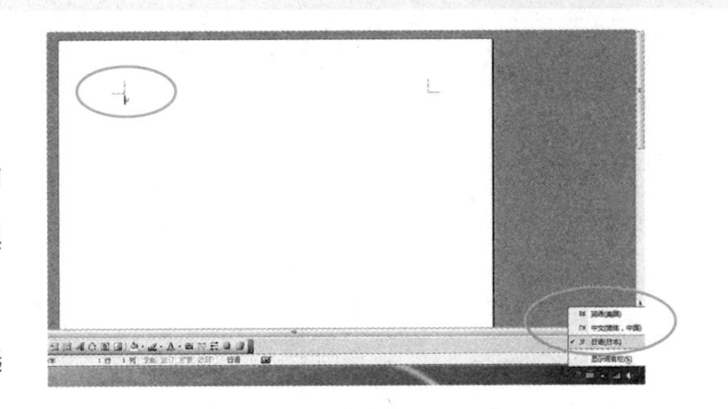

图7

8. 输入时以罗马拼音输入，输入完毕按空格键（space）即可变换成对应的文字，最后按下Enter就完成输入动作了。

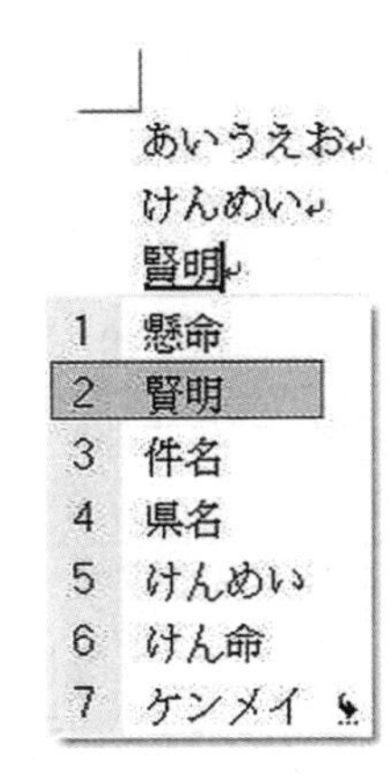

图8

9.下列表格为电脑输入时的对应表，与一般日文丛书上50音表所标示的发音有些许不同，特此声明。

平假名-清音

あ a	か ka	さ sa	た ta	な na	は ha	ま ma	や ya	ら ra	わ wa
い i	き ki	し si	ち ti	に ni	ひ hi	み mi		り ri	
う u	く ku	す su	つ tu	ぬ nu	ふ fu	む mu	ゆ yu	る ru	ん nn
え e	け ke	せ se	て te	ね ne	へ he	め me		れ re	
お o	こ ko	そ so	と to	の no	ほ ho	も mo	よ yo	ろ ro	を wo

平假名-浊音-半浊音

が ga	ざ za	だ da	ば ba	ぱ pa	ぐ gu	ず zu	づ du	ぶ bu	ぷ pu	ご go	ぞ zo	ぽ po
ぎ gi	じ zi	ぢ di	び bi	ぴ pi	げ ge	ぜ ze	で de	べ be	ぺ pe	ど do	ぼ bo	

平假名-拗音

きゃ kya	ぎゃ gya	しゃ sha	じゃ ja	ちゃ cha	にゃ nya	ひゃ hya	びゃ bya	ぴゃ pya	みゃ mya	りゃ rya
きゅ kyu	ぎゅ gyu	しゅ shu	じゅ ju	ちゅ chu	にゅ nyu	ひゅ hyu	びゅ byu	ぴゅ pyu	みゅ myu	りゅ ryu
きょ kyo	ぎょ gyo	しょ sho	じょ jo	ちょ cho	にょ nyo	ひょ hyo	びょ byo	ぴょ pyo	みょ myo	りょ ryo

Part 2

日文E-mail 实例集

01 欢迎来访

E-mail本文

To	"鈴木賢治"Suzuki-kenji@japan.co.jp
Cc	
Bcc	
Subject	貴社へのご訪問について

鈴木さん

いつもお世話になっております。黄です。

ご来訪の件につきまして、ご連絡頂きありがとうございます。早速ですが、**詳細**[01]についてご説明させていただきます。

15日:北京の本社で説明会と歓迎**パーティー**[02]**を設ける**[03]予定です。
16日:午前中は市内観光で、午後は天津へ移動します。
17日:天津にある工場にご**案内**[04]したいと思います。
快適[05]**な宿泊**[06]**も手配**[07]しておりますので、どうぞご安心ください。**スケジュールは以上となりますが**[1]、何かご不明、ご**要望**[08]がございましたら、どうぞお**気軽**[09]に私まで**お申し付けください**[2]。

鈴木さんのご到来を心から楽しんでおります。
では、**取り急ぎ**[10]ご連絡まで失礼致します。

黄心佳

****

株式会社弘揚商事
営業部黄心佳

E-mail：huang01@hotmail.com　TEL：○○○○-○○○○（内線）○○○

FAX：○○○○-○○○○　〒○○○-○○○

中国北京市○○路○○号○○階

翻译

铃木先生：

平日承蒙您多加关照。我是黄（心佳）。

谢谢您来信咨询访问一事。那我马上就详细内容为您说明。

15日预定在北京总公司为您举办说明会以及欢迎会。

16日上午为您安排市内观光，下午出发前往天津。

17日我希望能带您到天津工厂参观。我也为您准备好了舒适的酒店，敬请放心。行程大致如上，如有任何不明或者是需求，请别客气，尽管跟我说。

非常期待您的到来。

那就不多赘言了。

黄心佳

日文E-mail 语法重点解析

重点句解说

1. スケジュールは以上(いじょう)となりますが、…

在说明结束之后，常以“以上(いじょう)となります”来作总结，这会比使用“以上(いじょう)です”更加礼貌。上面文章由于还有后续，所以在后面加上“が”，表示语气的暂缓。

2. お申(もう)し付(つ)けください

一般来讲，“请告诉我”这一句话大家习惯说成“教(おし)えてください”，这种表达用于熟人或平辈及晚辈并没有错。不过在上面文章里，虽然对方可能是合作许久，彼此熟识的客户，但毕竟还是客户，而且是远道而来的客人，因此使用“お申(もう)し付(つ)けください”（请告知我）这样的句子会让收信者感到自己备受尊重。

日文E-mail 高频率使用例句

可能会遇到的句子

1. **台湾(たいわん)にいらっしゃるとご連絡(れんらく)を頂(いただ)いてから、ずっと楽(たの)しみ[11]にしております。**

   自从得知您要到中国台湾来以后，我就一直很期待。

2. **工場(こうじょう)の見学(けんがく)[12]は最終日(さいしゅうび)に変更(へんこう)していただけませんか。**

   请问参观工厂可以改到最后一天吗？

3. **具体的(ぐたいてき)なスケジュールが分(わ)かり次第(しだい)、ご連絡(れんらく)致(いた)します。**

   一知道具体的行程马上跟您联系。

4. 宿泊や食事[13]の手配が必要であれば、どうぞお気軽にお申し付け[14]てください。

如果需要帮忙安排食宿的话，请别客气，尽管吩咐。

必背关键单词

01. 詳細【しょうさい】⓪
名 / ナ：详细

02. パーティー ❶
名：宴会，集会，党派

03. 設ける【もうける】❸
他 II：预备，准备，设置

04. 案内【あんない】❸
名 / 他 III：引导，导向，导游

05. 快適【かいてき】⓪
ナ：舒适，畅快

06. 宿泊【しゅくはく】⓪
名 / 自 III：住宿，投宿

07. 手配【てはい】❷
名 / 自他 III：安排，筹备

08. 要望【ようぼう】⓪
名 / 他 III：要求，迫切期望

09. 気軽【きがる】⓪
ナ：轻松，舒畅

10. 取り急ぎ【とりいそぎ】⓪
名：急速，立即

11. 楽しみ【たのしみ】❸
名 / ナ：期望，愉快，乐趣

12. 見学【けんがく】⓪
名 / 他 III：参观

13. 食事【しょくじ】⓪
名 / 自 III：用餐，进餐

14. 申し付ける【もうしつける】❺
他 II：吩咐，命令，指示

了解关键词之后，也要知道怎么写，试着写在下面的格子里。

02 就任贺词

E-mail本文

To: "小林武"takeshi-kobayasi@japan.co.jp

Cc:

Bcc:

Subject: ご就任のお祝い

株式会社日本商事
営業部長
小林武様

拝啓 厳寒の候**ますます**[01]**ご健勝**[02]のこととお喜び申し上げます。

承りますれば[1]、**このたび**[03]貴殿には日本商事株式会社営業部長にご**就任**[04]**の由**[05]、心よりお**祝い**[06]申し上げます。貴重なご経験とご**実績**[07]をお持ちの貴殿ご就任により、貴社の営業部はますます発展をなされることと確信し、ご期待申し上げております。

本来ならば、参上致しまして**祝辞**[08]を述べるところではございますが、**とりあえず**[09]**書中**[10]をもちましてお祝い申し上げます[2]。

敬具

何明慧

****

株式会社弘揚商事
営業部何明慧

E-mail：he01@hotmail.com

TEL：○○○○-○○○○（内線）○○○

FAX：○○○○-○○○○　〒○○○-○○○

中国北京市○○路○○号○○階

翻译

日本商业股份公司

业务部部长

小林武先生：

敬启，严寒时节敬祝您身体健康。

听说您就任日本商业股份公司业务部部长了，我确信并且深切地期待，拥有宝贵经验和不错业绩的您，上任后一定能让贵公司的业务部有更好的发展。本来应该登门亲致贺词，先以此文向您致上恭贺之意。

谨启

何明慧

日文E-mail
语法重点解析

重点句解说

1. 承(うけたまわ)りますれば

“承(うけたまわ)る”（敬悉，听说）这个动词是“聞(き)く”的谦让词，用来表示自己的谦卑，在这里因为对方已属部长级人物（相当于经理级人物），因此使用其假定型“承(うけたまわ)りますれば”（敬悉），恭敬地表示从某处得知对方就任的消息。

2. 書中(しょちゅう)をもちましてお祝(いわ)い申(もう)し上(あ)げます

在恭贺对方就任时，常会用当面道贺或者赠花篮等方式；但如果顾虑到对方刚上任可能相当忙碌或者对方公司不适合赠花篮，又想在第一时间祝福对方，便可通过E-mail来表达。此时就可以使用“とりあえず、書中(しょちゅう)をもちましてお祝(いわ)い申(もう)し上(あ)げます”（先以此文向您致上恭贺之意）。

日文E-mail
高频率使用例句

可能会遇到的句子

1. ご自愛専一(じあいせんいつ)[11]に、ますますご活躍(かつやく)なされますようお祈(いの)り申(もう)し上(あ)げております。

请您务必多加保重，祝福您大展宏图。

2. 今後(こんご)ますます多事多忙(たじたぼう)になられることと存(ぞん)じますが、くれぐれもご自愛(じあい)のほど念(ねん)じて[12]やみません。

今后想必越发忙碌，希望您能够多加爱惜自己的身体。

3. 日頃[13]お世話になっております感謝のお印と致しまして、粗品[14]を贈らせて頂きますのでよろしくご受納[15]下さい。

平日承蒙您多方关照，为了聊表感谢之意，我备了一点薄礼，敬请笑纳。

必背关键单词

01. ますます ❷
副：更加

02. 健勝【けんしょう】⓪
ナ：健康，强壮

03. たび ❶
名：次，回

04. 就任【しゅうにん】⓪
名 / 自Ⅲ：就任，就职

05. 由【よし】❶
名：理由，缘故

06. 祝い【いわい】❷
名：祝贺

07. 実績【じっせき】⓪
名：实际成绩

08. 祝辞【しゅくじ】⓪
名：贺词

09. とりあえず ❸
副：急忙，暂且，首先

10. 書中【しょちゅう】⓪
名：书中，信中

11. 専一【せんいつ】⓪
名 / ナ：一心一意

12. 念じる【ねんじる】⓪
动：念念不忘，祈祷

13. 日頃【ひごろ】⓪
名 / 副：平时，平常

14. 粗品【そひん】⓪
名：薄礼

15. 受納【じゅのう】⓪
名 / 他Ⅲ：收纳，收下

了解关键词之后，也要知道怎么写，试着写在下面的格子里。

03 离职交际

E-mail本文

To "関本清志"sekimoto_kiyoshi@japan.co.jp

Cc

Bcc

Subject 離職のご挨拶

関本様

いつもお世話になり、ありがとうございます。弘揚商事の林です。

私事で大変恐縮ですが[1]、一身上の都合[2]により12月31日**を持ちまして**[01]、弘揚商事を**辞める**[02]ことに致しました。

在職[03]期間は大変お世話になりましたことをお礼を申し上げます。

引き続き[04]などで**多忙**[05]のため、メールを持ちましてご挨拶致しましたことをお**詫び**[06]申し上げます。また後日**改めて**[07]ご挨拶させていただきます。

尚、私の**後任者**[08]として、これからは邱美琪（キュウビキ）が**対応**[09]させていただきます。後に本人より改めてご連絡させていただきます。

今後とも引き続き弘揚商事をよろしくお願い申し上げます。

林佳宏

****

株式会社弘揚商事

営業部林佳宏

E-mail：lin2233@hotmail.com　TEL：○○○○-○○○○（内線）○○○

FAX：○○○○-○○○○　〒○○○-○○○

中国北京市○○路○○号○○階

翻译

关本先生：

平时承蒙关照，非常感谢。我是弘扬商业的林（佳宏）。

在此讲私事感到很抱歉，由于个人因素，我决定于12月31日离开弘扬商业。

在职期间很受您照顾，在此致上深深的谢意。

因为交接事宜非常忙碌，只能先以电子邮件跟您报告，这点相当抱歉。容我改天再登门拜访。

另外，今后就由我的接班人邱美琪来为您服务。不久她本人就会和您联系。

今后也还请多关照弘扬商业。

林佳宏

日文E-mail
语法重点解析

重点句解说

1. 私事(しじ)で大変(たいへん)恐縮(きょうしゅく)ですが

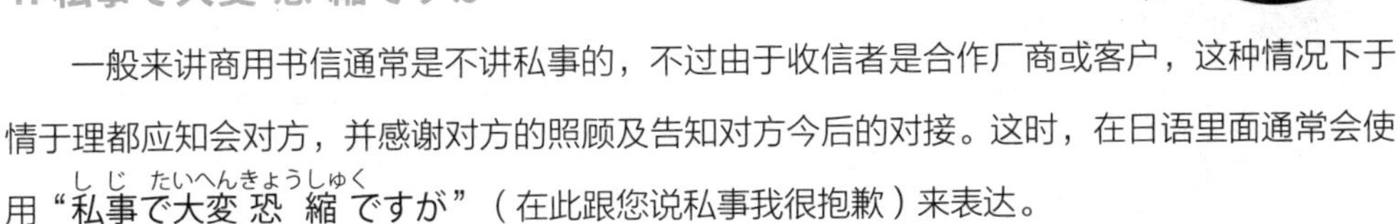

一般来讲商用书信通常是不讲私事的，不过由于收信者是合作厂商或客户，这种情况下于情于理都应知会对方，并感谢对方的照顾及告知对方今后的对接。这时，在日语里面通常会使用“私事(しじ)で大変(たいへん)恐縮(きょうしゅく)ですが”（在此跟您说私事我很抱歉）来表达。

2. 一身上(いっしんじょう)の都合(つごう)

“一身上(いっしんじょう)”是指和自己有关的事情，因此用“一身上(いっしんじょう)の都合(つごう)”（个人理由）来表达自己因为一些个人因素而做出某些决定。类似讲法还有“個人的(こじんてき)な都合(つごう)”（个人状况）。

可能会遇到的句子

1. 皆(みな)さんと一緒(いっしょ)に仕事(しごと)できて幸(しあわ)せです。

   可以和大家共事，我感到非常高兴。

2. 大変(たいへん)[10]な時期(じき)で、この決定(けってい)を出(だ)すことで皆様(みなさま)にご迷惑(めいわく)[11]をかけることをお詫(わ)び申(もう)し上(あ)げます。

   在这非常时期做出这种决定，给大家带来困扰在此致上深深的歉意。

3. ご縁[12]がございましたら、またどこかでお会いしましょう。

如果有缘的话，我们定会再相遇的。

4. 佐藤さんなら、どこに行ってもきっと成功できると信じて[13]います

如果是佐藤先生 / 小姐的话，相信无论到哪都一定能成功的。

必背关键单词

01. …をもちまして：
借由告知时间或状况，来表达某事、状态的结束

02. 辞める【やめる】⓿
他II：辞去，辞职

03. 在職【ざいしょく】⓿
名 / 自III：在职，工作中

04. 引き続き【ひきつづき】⓿
名：接着，继续，连续

05. 多忙【たぼう】⓿
名 / ナ：繁忙，忙碌

06. 詫びる【わびる】⓿
他II：道歉，谢罪

07. 改めて【あらためて】❸
副：重新，再

08. 後任者【こうにんしゃ】❸
名：继任者

09. 対応【たいおう】⓿
名 / 自III：对应，应对

10. 大変【たいへん】⓿
名 / ナ：重大，严重，非常

11. 迷惑【めいわく】❶
名 / 自III：麻烦，困惑，为难

12. 縁【えん】⓿
名：缘分

13. 信じる【しんじる】❸
他II：相信，信赖

了解关键词之后，也要知道怎么写，试着写在下面的格子里。

04 调职交际

E-mail本文

To "中村亮太"ryouta_nakamura@japan.co.jp

Cc

Bcc

Subject 転勤のご挨拶

株式会社日本商事
営業部中村亮太様

平素は格別のお引き立てを頂き、厚くお礼を申し上げます。

さて、このたび私は会社の人事異動によりまして[1]、台南支店勤務を命じられ来週着任する予定です。台北支店**在勤中**[01]は、公私に**わたり**[02]ご懇篤なる[2]ご指導とご**厚情**[03]を**賜り**[04]、誠にありがとうございます。
本来なら、**赴任**[05]致す前にご挨拶に**参上**[06]すべきところですが、事務の引き続きなどで、**伺う**[07]のは困難であることをご**賢察**[08]くださいますようお詫びを申し上げます。新任地におきましても、**微力**[09]を**尽くしたい**[10]と**存じております**[11]。今後とも、どうぞご指導とご**鞭撻**[12]を賜りますようお願い申し上げます。

まずは略儀ながらお礼かたがたご挨拶申し上げます。

陳冠宇

****

株式会社弘揚商事
営業部陳冠宇

E-mail：chen01@hotmail.com TEL：○○○○-○○○○（内線）○○○

FAX：○○○○-○○○○ 〒○○○-○○○
中国台湾台北市○○路○○号○○階

翻译

日本商业股份公司

营业部中村亮太先生：

平常承蒙您抬爱，在此深深地表示感谢。

这次我因为公司的人事变动，被调到台南分店，并预计于下周到任。

在台北分店任职期间，于公于私都得到您热情的指导和厚待，真的非常感谢您。本来在赴任之前应该亲自拜访答谢的，但因忙于事务交接等一直未能如愿。

希望您谅解并致上最深的歉意。到新任地点之后，我也会尽我微薄之力。

今后还请多多给予指导与鞭策。

谨以此信略表示感谢并致意。

陈冠宇

重点句解说

1. 人事異動（じんじいどう）によりまして

“よる”可以用于比较两者，也可以用来表示原因，中文译为“由于”“因为”“基于”等意思。而表示比较时不需要在“より”前加上助词，作原因表示时则需在“より”前面加上助词“に”。两种情况例句如下：

台北駅前（たいぺいえきまえ）の新光三越（しんこうみつこし）より、101の方（ほう）がずっと高（たか）いですね。
比起台北车站前的新光三越，101要更高。

菸害防治法（えんがいぼうじほう）によると、室内（しつない）は全面禁煙（ぜんめんきんえん）となっています。
根据烟害防治法律，室内全面禁烟了。

2.ご懇篤（こんとく）なる

“なる”原为表示动作或状态变化的动词，在此则为另一种用法。接在名词后面，相当于“である”，为书面用语。例如：

親愛（しんあい）なる者（もの）： 亲爱的人
母（はは）なる者（もの）： 身为母亲

本文里，在“懇篤（こんとく）”前加上“ご”以表尊敬，再加上“なる”变成“ご懇篤（こんとく）なる”，相当于“懇篤（こんとく）である”（热切的），这是非常礼貌的用法。

可能会遇到的句子

1. 微力ながら新任務に専心努力する所存でございます。

   虽是绵薄之力，但是我也会专心投入新工作。

2. 皆様の力強い[13]ご指導と温かいご支援[14]のもと、5年間大過[15]なく勤務できました。

   在各位大力的指导以及温暖的关怀之下，五年以来在工作上总算没犯下什么大错。

3. これまでと同様にお引き立てのほどよろしくお願い申し上げます。

   希望能和以往一样（得到您的）多多提携。

必背关键单词

01. 在勤中【ざいきんちゅう】⓿
名：在职期间

02. わたり ⓿
名：渡，在此指从……到……

03. 厚情【こうじょう】⓿
名：深厚情谊

04. 賜り【たまわり】❸
名：蒙受赏赐

05. 赴任【ふにん】⓿
名 / 自Ⅲ：赴任，上任

06. 参上【さんじょう】⓿
名 / 自Ⅲ：拜访，造访

07. 伺う【うかがう】⓿
他Ⅰ：拜访，请教

08. 賢察【けんさつ】⓿
名 / 他Ⅲ：明察

09. 微力【びりょく】⓿
名：绵薄之力

10. 尽くす【つくす】❷
他Ⅰ：竭力，尽力

11. 存じる【ぞんじる】❸
他Ⅱ：知道，想

12. 鞭撻【べんたつ】⓿
名 / 他Ⅲ：鞭策

13. 力強い【ちからづよい】❺
イ：强而有力，有信心

14. 支援【しえん】⓿
名 / 他Ⅲ：支援

15. 大過【たいか】❶
名：大过错，严重错误

了解关键词之后，也要知道怎么写，试着写在下面的格子里。

05 转职交际

E-mail本文

To: "小林武（こばやしたけし）"takeshi-kotayasi@japan.co.jp

Cc:

Bcc:

Subject: 転職（てんしょく）のご挨拶（あいさつ）

日本商事株式会社（にほんしょうじかぶしきがいしゃ）
営業部長（えいぎょうぶちょう）
小林武様（こばやしたけしさま）

平素（へいそ）は格別（かくべつ）のお引立（ひきた）てに預（あず）かり厚（あつ）く御礼（おれい）申（もう）し上（あ）げます。弘揚商事（こうようしょうじ）の張（ちょう）です。

さて、**私（わたくし）こと**[1]、このたび弘揚商事株式会社（こうようしょうじかぶしきがいしゃ）を**円満（えんまん）**[01]**退職（たいしょく）**[02]し株式会社高雄商事（かぶしきがいしゃたかおしょうじ）に**勤務（きんむ）**[03]致（いた）す**こととなりました**[2]。
在職中（ざいしょくちゅう）は公私（こうし）にわたり**多大（ただい）**[04]のご**芳情（ほうじょう）**[05]を賜（たまわ）り、**深（ふか）く**[06]**感謝（かんしゃ）**[07]しております。
自分（じぶん）の**能力（のうりょく）**[08]をもっと**試（ため）したい**[09]というのが**転職（てんしょく）**[10]の理由（りゆう）でございます。
今後（こんご）ともご指導（しどう）ご支援（しえん）のほどよろしくお願（ねが）い申（もう）し上（あ）げます。

近日中（きんじつちゅう）[11]にご挨拶（あいさつ）に伺（うかが）いますが、まずは略儀（りゃくぎ）ながらご挨拶（あいさつ）申（もう）し上（あ）げます。

張于伸（ちょううしん）

****

株式会社弘揚商事（かぶしきがいしゃこうようしょうじ）
営業部（えいぎょうぶ）張于伸（ちょううしん）

E-mail：zhang01@hotmail.com　TEL：○○○○-○○○○（内線（ないせん））○○○

FAX：○○○○-○○○○　〒○○○-○○○

中国（ちゅうごく）北京市（ぺきんし）○○路（ろ）○○号（ごう）○○階（かい）

翻译

日本商业股份公司

营业部长

小林武先生：

平常承蒙您的提携，在此郑重致上感谢之意。我是弘扬商业的张于伸。

我已经功成身退，顺利离开弘扬商业并转赴高雄商业股份公司工作。

在弘扬商业任职期间，于公于私都受您极大的照顾，我深深地感谢您。

跳槽的理由是我想多锻炼自己的能力。

今后还请多多指教。

近日将登门拜访，先以此简略方式向您打声招呼。

张于伸

日文E-mail 语法重点解析

重点句解说

1. 私(わたくし)こと

比“私(わたし)”更为谦让的自称就是“私(わたくし)”。而“こと”则可以接在谦让的人称词语后面，来表示说明有关该人称之事，相当于“……について言(い)えば”（提到……）。例如：

弊社(へいしゃ)ことこのたび左記(さき)に移転(いてん)致(いた)しました。

敝公司此次搬迁至左方所书的地址。

私(わたくし)こと一身上(いっしんじょう)の都合(つごう)により、退職(たいしょく)することに致(いた)しました。

我由于个人因素决定离职。

2. …こととなりました

“こととなる”与“ことになる”两者都是表示“变成……”的意思，但是“こととなる”着重于最后的变化结果，而“ことになる”则着重于事情自然演变，发展。例如：

よく喧嘩(さんか)したせいで、別(わか)れることになった。

因为经常吵架，结果分手了。

互(たが)いに理解(りかい)しようともしないため、別(わか)れることとなった。

因为互相都不想理解对方而分手了。

日文E-mail
高频率
使用例句

可能会遇到的句子

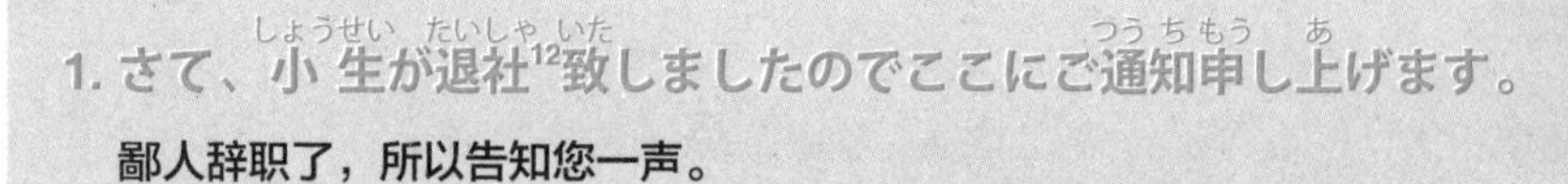
1. さて、小生(しょうせい)が退社(たいしゃ)[12]致(いた)しましたのでここにご通知(つうち)申(もう)し上(あ)げます。

鄙人辞职了，所以告知您一声。

2. 今後(こんご)とも、なにとぞ倍旧(ばいきゅう)[13]のご指導(しどう)を賜(たまわ)りますようお願(ねが)い申(もう)し上(あ)げます。

今后还请给予加倍的指导。

3. 佐藤(さとう)さんの御蔭(おかげ)[14]で、本当(ほんとう)のやりたいことを見(み)つける[15]ことができました。

多亏佐藤先生让我找到了我正真热爱的事。

4. 慎重(しんちょう)に考慮(こうりょ)しました上(うえ)、留学(りゅうがく)することにしました。

我慎重考虑之后，决定去留学。

必背关键单词

01. 円満【えんまん】⓪
名 / ナ: 圆满，美满

02. 退職【たいしょく】⓪
名 / 自Ⅲ: 离职

03. 勤務【きんむ】❶
名 / 自Ⅲ: 勤务，工作

04. 多大【ただい】⓪
名 / ナ: 形容极多，极大

05. 芳情【ほうじょう】⓪
名: （您的）好意，深情厚意

06. 深い【ふかい】❷
イ: 深远，深刻

07. 感謝【かんしゃ】❶
名 / 自他Ⅲ: 感谢

08. 能力【のうりょく】❶
名: 能力

09. 試す【ためす】❷
他Ⅰ: 尝试，试验

10. 転職【てんしょく】⓪
名 / 自Ⅲ: 转行，调职

11. 近日中【きんじつちゅう】⓪
名: 近期内，近日

12. 退社【たいしゃ】⓪
名 / 自Ⅲ: 离职，下班

13. 倍旧【ばいきゅう】⓪
名: 甚于以往，更甚以往

14. 御蔭【おかげ】⓪
名: 保佑，托……的福

15. 見つける【みつける】⓪
他Ⅱ: 找到

06 年终问候

E-mail本文

To "遠藤宗助"endou@japan.co.jp

Cc

Bcc

Subject 年末のご挨拶

株式会社日本商事

メディア開発部長

遠藤宗助様

謹啓[01] 歳末ご繁忙の折から[1]、いよいよご**清栄**[02]のこととお慶び申し上げます。

まず、この一年間お**世話**[03]になりましたことをお礼を申し上げます。時節柄、ご多忙のことと存じますが[2]、**くれぐれも**[04]ご**自愛**[05]のほどお**祈り**[06]申し上げます。

不景気が**続く**[07]中、ご**期待**[08]に**添えます**[09]よう努力する**所存**[10]でございます。
今後もこれまで同様お**引立てくださいます**[11]ようお願い申し上げます。

敬具

李耀輝

****

株式会社弘揚商事

営業部長 李耀輝

E-mail：li01@hotmail.com

TEL：○○○○-○○○○ （内線）○○○

FAX：○○○○-○○○○ 〒○○○-○○○

中国北京市○○路○○号○○階

翻译

日本商业股份公司

多媒体开发部长

远藤宗助先生:

敬启，岁末繁忙之际，敬祝您健康。

首先感谢您一年以来的照顾。在此时节，想必您一定很忙，也请您多爱惜身体。

在经济如此不景气的情况下，我们仍不断努力以不负您的厚望。

希望今后您也能够一如既往，继续指导我们。

敬启

李耀辉

日文E-mail 语法重点解析

重点句解说

1. 歳末ご繁忙の折から、

“折から”除了当副词使用，表示“正当某个时间点”的意思以外，还会当作复合词来使用，也就是使用“……＋の＋折から”这样的表达，来表示“因为是在……的时节，所以……”。此句是表示因为正处岁末繁忙之际，所以祝福对方能更加健康。

酷暑の折から、ご自愛ください。
时值盛夏，请您多保重。

天候不順のため、お気をつけてください。
因为天气不太好，请多加小心。

2. 時節柄、ご多忙のことと存じますが、

“時節柄”有“鉴于此时”或“正因为在此时”这样的意思。由于这封E-mail是在年末写的，所有公司都应该正处于非常忙碌的时期，所以使用“時節柄”这个副词。“多忙”原本就可表示“非常忙碌”，在前面加上“ご”变成敬语，就是“对方很忙碌”的意思。

日文E-mail
高频率使用例句

可能会遇到的句子

1. 心(こころ)ばかりの品(しな)[12]ではございますが、お送(おく)り致(いた)します。ご笑納(しょうのう)[13]くださいますれば、幸甚(こうじん)[14]に存(ぞん)じます。
这是我的一点小心意，如您能笑纳，我将倍感荣幸。

2. このたびは結構(けっこう)[15]なお品(しな)をご恵贈(けいぞう)[16]頂(いただ)きましてありがとうございました。
此次承您惠赠如此贵重的礼品，非常感谢您。

3. このたびはご丁寧(ていねい)[17]なご挨拶(あいさつ)[18]をいただき、かえって[19]申(もう)しわけなく存(ぞん)じております。您如此盛情地问候，反而让我觉得不好意思。

必背关键单词

01. 謹啓【きんけい】⓿
名：谨启，敬启者

02. 清栄【せいえい】⓿
名：平安，健康（书信用语）

03. 世話【せわ】❷
名 / 他III：帮助，照顾

04. くれぐれも ❷
副：反复，周到，仔细

05. 自愛【じあい】⓿
名 / 自III：自爱，保重

06. 祈り【いのり】❸
名：祈祷，祷告

07. 続く【つづく】⓿
自I：继续，连接

08. 期待【きたい】⓿
名 / 他III：期待，期望

09. 添える【そえる】⓿
他II：伴随，添，加

10. 所存【しょぞん】⓿
名：主意，想法，打算

11. 引き立てる【ひきたてる】❹
他II：提拔，关照，鼓励

12. 品【しな】❷
名：物品，商品，东西

13. 笑納【しょうのう】⓿
名 / 他III：笑纳

14. 幸甚【こうじん】⓿
名 / ナ：幸甚，十分光荣

15. 結構【けっこう】⓿
名 / ナ / 副：结构，布局；很好，充分；相当

16. 恵贈【けいぞう】⓿
名 / 他III：惠赠

17. 丁寧【ていねい】❶
名 / ナ：很有礼貌，恭恭敬敬

18. 挨拶【あいさつ】❶
名 / 自III：问候，寒暄

19. かえって❶
副：却，反而

01 申请留学

E-mail本文

To: "青木健太"aoki_kenta@aozora.co.jp

Cc:

Bcc:

Subject: 入学申請

青空大学

理工学部

入試課大学院担当

青木健太　様

はじめまして、突然のメールで失礼致しました。私は北京工業大学理工学院環境工学部の学生楊昭華（ヨウ　ショウカ）と申します。貴校の理工学部の大学院に**進学**[01]するためメールをお送り致しました。

私は現在大学4年生で、今年の9月卒業する予定です。卒業後一層研究を**深める**[02]ために、大学院に進学すると**決意**[03]しました[1]。研究内容は貴校の高橋拓也先生の研究**分野**[04]と方向が一致であるため、高橋先生の元で研究を**励む**[05]所存でございます[2]。

貴校の入試課ホームページで**掲載**[06]される入試案内に**従い**[07]、**願書**[08]・履歴書などの資料を**添付**[09]させていただきますので、よろしくご**査収**[10]ください。

末筆ながら貴校のご発展と教職員皆様のご多幸をお祈り申し上げます。

楊昭華

****

北京工業大学理工学院

環境工学部4年生　楊昭華

E-mail：sam1128@hotmail.com

自宅電話番号：○○○○-○○○○

自宅住所：北京市○○○○○○

翻译

青空大学

理工学院

入学考试课大学研究生院负责人

青木健太先生：

您好，很冒昧突然写信给您。我是北京工业大学理工学院环境工学系的学生杨昭华，本人希望能进入贵校理工学院的研究所，所以写信给您。

我现在是大学4年级，预计今年9月毕业。毕业后想做深入的研究，因此决定进入研究所。因为我的研究内容和贵校高桥拓也老师的研究方向一致，所以想拜师在高桥老师的门下。

遵照贵校入学考试课网站上所登载的入学考试说明，一并附上报名表及履历表等资料，敬请查收。

最后，敬祝贵校昌盛以及全体教职工平安、健康。

杨昭华

重点句解说

1. 卒業後一層研究を深めるために、大学院に進学すると決意しました。

通常决定某件事常用“決める”（决定）或者“～にする”这样的句型，在这里，我们为了强调决心而使用了“決意”这个词。而使用“研究を深める”（深入研究）的说法也会比“研究を続ける”（继续研究）更为体面。

2. 高橋先生の元で研究を励む所存でございます。

此句也是同上，与其使用“頑張りたいと思います”，不如使用“研究を励む”（努力研究），加上“所存”（打算，想法）会显得意愿更强烈。使用此类讲法能让人感觉到你是个“奋发图强”的人。

彼は入社して以来ずっと商品開発に励んでいます

他从进公司以来就一直致力于商品开发。

彼女はずっと実験に励んで、彼氏を作る気は全然ないようです。

她一直埋头实验，好像都没有要交男友的意思。

日文E-mail
高频率使用例句

可能会遇到的句子

1. 貴校の研究生[11]制度について、いくつかお伺いしたいことがございます。

   我有几个关于贵校的研究生制度上的问题想请教您。

2. 貴校の4月入学試験に応募したい[12]ですが、海外出願[13]などの制度はございませんか。

   我想报考贵校4月的入学考试，不知道是否有海外报考之类的制度。

3. 貴校の日本語コース[14]を申し込みたい[15]です。我想申请贵校的日语课程。

必背关键单词

01. 進学【しんがく】⓿
名/自Ⅲ：升学

02. 深める【ふかめる】❸
他Ⅱ：加深，加强

03. 決意【けつい】❶
名/自他Ⅲ：决心，决意

04. 分野【ぶんや】❶
名：领域，范围

05. 励む【はげむ】❷
自Ⅰ：努力，勤勉

06. 掲載【けいさい】❶
名/他Ⅲ：登载

07. 従う【したがう】⓿
自Ⅰ：按照，跟随

08. 願書【がんしょ】❶
名：申请书，报名表

09. 添付【てんぷ】❶
名/他Ⅲ：添加，附上

10. 査収【さしゅう】⓿
名/他Ⅲ：查收，验收

11. 研究生【けんきゅうせい】❸
名：学生研究员（日本大学的特殊制度，为研究特定主题、不以取得学位为目的的学生）

12. 応募【おうぼ】❶
名/自Ⅲ：应征

13. 出願【しゅつがん】⓿
名/自他Ⅲ：报名，申请，提出请求

14. コース ❶
名：课程，路线，过程

15. 申し込む【もうしこむ】❹
他Ⅰ：申请，提出，应征，报名

了解关键词之后，也要知道怎么写，试着写在下面的格子里。

02 申请请假

E-mail本文

To　"小林 武"takeshi-kobayasi@japan.co.jp

Cc　　　Bcc

Subject　【緊急】休暇願い[1]

小林　さん

下記のとおり**休暇**[01]をとらせていただきたいので、ご**承認**[02]をお願い申し上げます。

1・期間　平成22年2月14日より1週間

2・理由　**新型**[03]**インフルエンザ**[04]**感染**[05]のため

3・添付**書類**[06]　**診断書**[07]

中村仁美

****

営業部企画課

中村仁美

E-mail：hitomi_nakamura@japan.co.jp　内線：○○○

翻译

小林先生：

个人因以下理由申请休假，请准假。

1. 时间：平成22年2月14日起1周

2. 理由：感染新流感

3. 附件：诊断证明书

中村仁美

重点句解说

1. 【緊急】休暇願い

由于这类E-mail属于公司内部文书，因此在书写时会力求精简，易懂，只要把时间，理由分条列出即可。如果是临时遇到什么状况请假，甚至可以在前面加上“【緊急】”，以引起对方注意。

2. 文化习俗

在日本，上班族的健康管理被视为个人工作能力的一环。如果不小心感冒了，除非有不得不亲自处理的事情，不然大多数日本人会选择在家休养。或许有人认为，勉强到公司上班是为公司尽心尽力，但是大多数人认为身体欠佳不仅工作效率会降低，而且如果不小心传染给其他同仁，会造成公司运作上更大的问题。因此，早日把病养好，以良好的健康状况回到工作岗位是大多数日本人的选择。

日文E-mail
高频率
使用例句

可能会遇到的句子

1. 皆様が忙しいところで、大変申し訳ございませんが、一日の休み[08]をとらせていただけませんか。
   非常抱歉，在大家正忙的时候，能让我请一天假吗？
2. このたび、病欠[09]で皆様にご迷惑をかけましたことをお詫び申し上げます。
   这次因为生病缺席，给大家带来困扰了，真的很抱歉。
3. 個人健康管理が疎か[10]で皆様にご迷惑をかけましたことを深く反省[11]しております。**因为疏于个人健康管理而给大家带来困扰，我会好好反省的。**
4. 体調[12]が回復次第[13]出社します[14]。**身体状况恢复后马上到公司上班。**
5. 今朝は強風のため、新幹線が運休[15]になり、午前中は会社に戻るのは難しいです。**今天早上因为强风使得新干线停驶，中午以前要回到公司大概很难。**
6. 夕べ母が急に倒れました[16]ので、現在は病院で看病しています。
   昨晚母亲突然昏倒，我现在正在医院照顾她。

必背关键单词

01. 休暇【きゅうか】⓿
名：休假

02. 承認【しょうにん】⓿
名 / 他Ⅲ：同意，批准，承认

03. 新型【しんがた】⓿
名：新型

04. インフルエンザ ❺
名：流行性感冒

05. 感染【かんせん】⓿
名 / 自Ⅲ：感染

06. 書類【しょるい】⓿
名：文件，资料

07. 診断書【しんだんしょ】❺
名：诊断书

08. 休み【やすみ】❸
名：休假，休息，就寝

09. 病欠【びょうけつ】⓿
名 / 自Ⅲ：因病缺席

10. 疎か【おろそか】❶
ナ：疏忽，草率

11. 反省【はんせい】⓿
名 / 他Ⅲ：反省，检讨，重新考虑

12. 体調【たいちょう】⓿
名：健康状况

13. 次第【しだい】⓿
接尾：立即，马上

14. 出社【しゅっしゃ】⓿
名 / 自Ⅲ：到公司上班，出勤

15. 運休【うんきゅう】⓿
名/他Ⅲ：停驶

16. 倒れる【たおれる】❸
自Ⅱ：倾倒，毁灭；昏倒，累倒

了解关键词之后，也要知道怎么写，试着写在下面的格子里。

03 申请参展

E-mail本文

To　展示"会出展受付係り"（てんじかいしゅってんうけつけかか）application@tokyo2010.co.jp

Cc

Bcc

Subject　電子（でんし）**部品**（ぶひん）[01]**展示会**（てんじかい）[02]**出展**（しゅってん）[03]の**申し込み**（もうしこ）[04]

東京電子部品貿易連合（とうきょうでんしぶひんぼうえきれんごう）
電子部品展示会（でんしぶひんてんじかい）
出展**受付**（しゅってんうけつけ）[05]係り（かか）　様（さま）

歳末（さいまつ）ご多忙（たぼう）の折（おり）、ますますご繁栄（はんえい）の事（こと）とお喜（よろこ）び申（もう）し上（あ）げます。

さて、貴社（きしゃ）におかれまして[1]は、今年（ことし）7月（がつ）18日（にち）より東京国際展示場（とうきょうこくさいてんじじょう）に**於**（おい）**て**[06]毎年（まいとし）**慣例**（かんれい）[07]の第5回電子部品展示会（だいかいでんしぶひんてんじかい）を**開催**（かいさい）[08]されるとのこと[2]ですが、
今年（ことし）は**是非**（ぜひ）[09]**弊社**（へいしゃ）[10]の商品（しょうひん）を**出品**（しゅっぴん）[11]させていただききますようお願（ねが）い申（もう）し上（あ）げます。

申込書（もうしこみしょ）[12]**並**（なら）**びに**[13]出品（しゅっぴん）予定（よてい）の**見本**（みほん）[14]をお送（おく）り致（いた）しますので、どうぞ宜（よろ）しくご**高配**（こうはい）[15]お願（ねが）い申（もう）し上（あ）げます。

まずは、お申込（もうしこ）みまで失礼致（しつれいいた）します。

株式会社弘揚商事（かぶしきがいしゃこうようしょうじ）
営業部（えいぎょうぶ）　楊右行（ようう こう）

****

株式会社弘揚商事（かぶしきがいしゃこうようしょうじ）
営業部（えいぎょうぶ）　楊右行（ようう こう）

E-mail：yang02@hotmail.com　TEL：○○○○-○○○○　（内線（ないせん））○○○

FAX：○○○○-○○○○　〒○○○-○○○
中国北京市（ちゅうごくぺきんし）○○路（ろ）○○号（ごう）○○階（かい）

翻译

电子零件贸易联盟

电子零件展

参展报名负责人：

岁末繁忙之际，恭祝贵公司业绩蒸蒸日上。

贵公司将于今年7月18日在东京国际展览现场举办每年例行举办的第五届电子零件展览会，恳请今年务必让敝公司参展。

送上申请书以及预定展出的样品，敬请多多关照。

打扰了。

弘扬商业股份公司

营业部 杨右行

重点句解说

1. 貴社(きしゃ)におかれまして

“おかれまして”接在尊敬对象的后面，其后则多使用关心对方健康状况或近况的句子。是一种非常尊敬的文章用语。例如：

先生(せんせい)におかれましては、ますますご健康(けんこう)のこととお喜(よろこ)び申(もう)し上(あ)げます。

祝愿老师身体日益健康。

貴社(きしゃ)におかれまして、ますますご隆盛(りゅうせい)のこととお喜(よろこ)び申(もう)し上(あ)げます。

恭祝贵公司生意日益兴隆。

2. とのこと

用来表示听到的消息，意思跟“そうだ”“ということだ”相近。例如：

部長(ぶちょう)は来週(らいしゅう)北京(ペキン)に出張(しゅっちょう)なさるとのことです。听说部长下星期要去北京出差。

先(さき)ほどの会談(かいだん)で、契約(けいやく)を結(むす)ぶ方向(ほうこう)に進(すす)むとのことでした。

听说在刚才的会谈上，是有签约意向的。

日文E-mail
高频率使用例句

可能会遇到的句子

1. 昨年の展示会で大変お世話になりました。去年展览会时非常受您照顾。
2. この展示会に参加することを持ちまして、弊社の知名度を上げたい[16]と考えております。希望能借由参加此次展览提高敝公司的知名度。
3. 展示会で各出展者の店舗[17]配置[18]は抽選[19]によりまして決定させていただきます。
   展会里各参展厂商的摊位布置是由抽签决定的。
4. 出展につきましての出品料金[20]はご承認を頂き次第納入[21]致します。
   参展所需的商品参展费用将会在通过审查之后缴纳。

必背关键单词

01. 部品【ぶひん】⓪
    名：零件
02. 展示会【てんじかい】③
    名：展览会
03. 出展【しゅってん】⓪
    名/自Ⅰ：参展
04. 申し込み【もうしこみ】⓪
    名：申请，提议，应征
05. 受付【うけつけ】⓪
    名：受理，接受，柜台
06. 於て【おいて】❶
    惯：在，于
07. 慣例【かんれい】⓪
    名：惯例
08. 開催【かいさい】⓪
    名/他Ⅲ：举办
09. 是非【ぜひ】❶
    副：务必
10. 弊社【へいしゃ】❶
    名：敝公司
11. 出品【しゅっぴん】⓪
    名/自Ⅰ：展出作品，展出产品
12. 申込書【もうしこみしょ】⓪
    名：申请书
13. 並びに【ならびに】⓪
    接：和，及
14. 見本【みほん】⓪
    名：样品
15. 高配【こうはい】⓪
    名：（对于对方所给予的）关怀（表示尊敬的讲法）
16. 上げる【あげる】⓪
    他Ⅱ：提高，提升
17. 店舗【てんぽ】❶
    名：店铺
18. 配置【はいち】❶
    名/他Ⅲ：配置，部署
19. 抽選【ちゅうせん】⓪
    名/自Ⅰ：抽签
20. 料金【りょうきん】❶
    名：费用，使用费
21. 納入【のうにゅう】⓪
    名/他Ⅲ：缴纳

04 申请特约店

E-mail本文

To "佐藤大樹(さとうだいき)"satou_daiki@japan.co.jp

Cc

Bcc

Subject 特約店(とくやくてん)のお申(もう)し込(こ)み

株式会社(かぶしきがいしゃ)日本商事(にほんしょうじ)
営業部(えいぎょうぶ)IT製品課(せいひんか)
佐藤大樹(さとうだいき)様(さま)

拝啓(はいけい) 貴社(きしゃ)ますますご隆盛(りゅうせい)のこととお喜(よろこ)び申(もう)しあげます。

さて、先日(せんじつ)ご案内(あんない)していただきました**貴社**(きしゃ)01の**パソコン**02ですが、高性能(こうせいのう)で**経済的**(けいざいてき)03なお**値段**(ねだん)04は大変(たいへん)**魅力的**(みりょくてき)05で、是非(ぜひ)**新**(あら)**たに**06お取(と)り引(ひ)きいただきたくお願(ねが)い申(もう)し上(あ)げます。

また、弊社(へいしゃ)は**特約店**(とくやくてん)07**として**1お**取引**(とりひき)08させていただきたいですが、特約店契約締結(とくやくてんけいやくていけつ)のための具体的(ぐたいてき)な**条件**(じょうけん)09をご**提示**(ていじ)10いただきますようお願(ねが)い申(もう)し上(あ)げます。

尚(なお)、弊社(へいしゃ)に関(かん)しましてご質問(しつもん)がございましたら、**何**(なん)**なりと**2お問(と)い合(あ)わせください。

敬具(けいぐ)

株式会社弘揚商事(かぶしきがいしゃこうようしょうじ)
営業部(えいぎょうぶ) 楊婷儀(ようていぎ)

****

株式会社弘揚商事(かぶしきがいしゃこうようしょうじ)
営業部(えいぎょうぶ) 楊婷儀(ようていぎ)

E-mail：yang02@hotmail.com TEL：○○○○-○○○○ （内線(ないせん)）○○○

FAX：○○○○-○○○○ 〒○○○-○○○

中国(ちゅうごく)北京市(ぺきんし)○○路(ろ)○○号(ごう)○○階(かい)

翻译

日本商业股份公司

营业部IT产品科

佐藤大树先生：

敬启，敬祝贵公司业务蒸蒸日上。

日前贵公司介绍的电脑，其优越的性能加上实惠的价格，着实很有吸引力，请允许我们在敝公司的直营店出售。

同时，敝公司想以特约店的方式和贵公司合作，希望贵公司能提供有关特约店合约的相关签约条件。

有任何疑问请洽询我们。

敬启

弘扬商业股份公司

营业部 杨婷仪

重点句解说

1. として

接在名词后面，表示身份，立场，种类等，中文通常译成“身为”“作为”。例如：

社会人として、やっていい事とやってはいけない事は分かるだろう。
身为一个社会人士，应该了解什么该做与什么不该做。

彼は趣味として、楽器をやっている。他把演奏乐器当作兴趣。

2. 何なりと

只有“何なり”的话意思是“どのようにも”（无论怎样）或“どんなものでも”（无论是什么东西），但是在其后加上“と”的话，就表示“何であろうと”（无论是什么），在这里是用来表示“任何事”。

何なりと申し付けください。无论什么事都请尽管吩咐。

大学入試に合格したら、何なりと好きなことをさせてやる。
只要通过大学入学考试，你喜欢做什么都让你做。

可能会遇到的句子

1. 市場調査を行ないました[11]結果、御社の製品が最も優秀である事拝受[12]致しました。进行市场调查后，得到了贵公司的商品是最优秀的结果。

2. このたび、弊社は事業拡大[13]のため、新たな取引先[14]を探して[15]おります。

   这次敝公司为了扩大事业版图，正在找寻新的厂商。

3. 弊社の商品は市場に50%占有率を持っておりますが、これから市場需給[16]が拡大していくかと狙い[17]、新たな事業パートナー[18]を探しております。

   虽然敝公司的商品在市场上有50%的占有率，但是看准今后市场需求还将进一步扩大，因此正在找寻新的事业伙伴。

必背关键单词

01. 貴社【きしゃ】❶
    名：贵公司

02. パソコン ⓿
    名：电脑

03. 経済的【けいざいてき】⓿
    ナ：经济方面的，节省的

04. 値段【ねだん】⓿
    名：价格

05. 魅力的【みりょくてき】⓿
    ナ：有魅力的

06. 新た【あらた】❶
    ナ：新的

07. 特約店【とくやくてん】❹
    名：特约经销商

08. 取引【とりひき】❷
    名／自Ⅲ：交易，贸易，买卖

09. 条件【じょうけん】❸
    名：条件，条文

10. 提示【ていじ】❷
    名／他Ⅲ：提示，出示

11. 行う【おこなう】⓿
    他Ⅰ：进行，做

12. 拝受【はいじゅ】❶
    名／他Ⅲ：领受，接受

13. 拡大【かくだい】⓿
    名／自他Ⅲ：扩大

14. 先【さき】⓿
    名：尖儿，前方，将来

15. 探す【さがす】⓿
    他Ⅰ：找寻，探索

16. 需給【じゅきゅう】⓿
    名：供求

17. 狙い【ねらい】⓿
    名：目的，目标

18. パートナー ❶
    名：伙伴，合伙人

应聘营业人员

E-mail本文

To	"佐藤彩"satou_aya@japan-ic.co.jp		
Cc		Bcc	
Subject	営業部北京**駐在**[01]営業員へ応募の件		

日本IC設計株式会社
人事部採用課長
佐藤　彩　様

はじめまして。私は黄筱　霖（コウ　ショウリン）と申します。

108**求人**[02]総合**サイト**[03]から御社の求人概要を**拝見**[04]し、是非私に**チャレンジ**[05]させていただきたく、メールを**差し上げました**[06]。

私は北京出身で、北京大学工学部を卒業しました。その後、弘揚商事の営業部に入り、3年間営業員として勤務し、現在**に至ります**[1]。御社の求人内容は、私の**得意**[07]分野、LCDの**制御**[08]ICの開発であり、御社の開発部で自分の本来の力を**発揮できるのではないか**[2]と存じます。

つきましては、履歴書を添付してお送り致します。
是非ご覧頂き、採用のご検討を頂くようお願い申し上げます。

黄筱　霖

****

黄筱　霖

E-mail：huang03@hotmail.com　実家電話：○○○○-○○○○
携帯電話：○○○-○○○-○○○-○○　実家住所：〒○○○-○○○
中国北京市○○路○○号○○階

翻译

日本IC设计股份公司

人事部任用科长

佐藤彩小姐：

您好，我是黄筱霖。

我在108求职综合网上看到贵公司的招聘启事，非常希望贵公司能给我这个宝贵的机会，所以发邮件给您。

我出生于北京，毕业于北京大学工学院。之后进入弘扬商业营业部，三年来一直从事销售工作。贵公司所需的才能，正是我的专长——LCD控制IC的开发，我想，到贵公司的开发部或许更能发挥我原有的能力。

附上个人简历。

希望您能过目，并考虑是否录用一事。

黄筱霖

重点句解说

1. …に至(いた)ります

“に至(いた)ります”属于文章体，用来表示“到达”的意思。可表示空间上到达某场所，也可以表示抽象的到达，如变化的结果或者阶段性的到达。例如：

目的地(もくてきち)に至(いた)るまでまだ遠(とお)い。

离目的地还有很远。

彼(かれ)は幾(いく)たびの苦難(くなん)を乗(の)り越(こ)えてから、今(いま)の地位(ちい)に至(いた)った。

他克服了许多的苦难才到达今天的地位。

2. 発揮(はっき)できるのではないか

在日语里，对于跟自己有关的事情，或者是自己的想法，习惯以委婉的方式表现。在动词后面加上“の”这个形式名词，使得前面的动作或者状态变成一个名词，后面再加上否定疑问“ではないか”来表示该动作或者该状态可能发生，但不是百分之百确定。像本文中提到自己可以在职场上发挥自己的能力，用了“……のではいか”的方式来表示。其他例如：

来年から景気が回復できるのではないかと学者は言いました。

学者说，明年经济有望复苏。

最近、地球温暖化の原因は牧畜業にあるのではないかという説が出てきました。

最近出现一种说法，认为全球变暖的原因可能是畜牧业。

可能会遇到的句子

日文E-mail
高频率使用例句

1. 自分の経験を生かせる[09]仕事を探しています。

   正在找寻可以发挥自身经验优势的工作。

2. IT業界において、御社は常に最先端の技術を開発し、業界をリード[10]していらっしゃいます。在IT行业里，贵公司总是开发出最先进的技术，领导着业界。

3. 貴社のような活気[11]のある職場で働きたい[12]と存じます。

   想在像贵公司这样有活力的职场里工作。

必背关键单词

01. 駐在【ちゅうざい】⓪
名/自Ⅲ：驻点，驻在

02. 求人【きゅうじん】⓪
名：招聘人员

03. サイト ❶
名：网站

04. 拝見【はいけん】❹
名/他Ⅲ：看，瞻仰

05. チャレンジ ❷
名/自Ⅲ：挑战

06. 差し上げる【さしあげる】⓪
他Ⅱ：给，赠与

07. 得意【とくい】❷
名/ナ：得意，满意，擅长，拿手

08. 制御【せいぎょ】❶
名/他Ⅲ：驾驭，支配，控制

09. 生かす【いかす】❷
他Ⅰ：活用，弄活，留活命

10. リード ❶
名/他Ⅲ：领先，领导

11. 活気【かっき】⓪
名：活力，活泼，生动

12. 働く【はたらく】⓪
自Ⅰ：工作

了解关键词之后，也要知道怎么写，试着写在下面的格子里。

02 回绝聘用

E-mail本文

To: "佐藤彩"satou_aya@japan-ic.co.j

Cc:

Bcc:

Subject: 採用**辞退**[01]のお詫び

日本IC設計株式会社
人事部採用課長
佐藤　彩　様

営業部北京駐在営業員**応募者**[02]の楊家榮（ヨウ　カエイ）です。**面接**[03]の際、大変お世話になりました。

先日は、採用の**ご連絡を頂き**[1]、心よりお礼を申し上げます。

誠に申し上げにくいことですが、今回の採用を辞退させていただきます。半年前私が**申請**[04]しました留学奨学金は先日、審査に通りました。大変**心苦しい**[05]ことですが、留学することに致しました。つきましては、本日は採用辞退のご連絡を差し上げました。

これまでお世話になりました皆様には、誠に申し訳なく**衷心**[06]より**お詫び申し上げる次第です**[2]。
何卒ご了承いただきたくお願い申し上げます。

末筆[07]ながら、貴社のご発展と社員皆様のご**多幸**[08]をお祈り申し上げます。

楊家榮

****

楊家榮

E-mail: huang04@hotmail.com　実家電話: ○○○○-○○○○
携帯電話: ○○○-○○○-○○○-○○　実家住所: 〒○○○-○○○
中国北京市○○路○○号○○階

翻译

日本IC设计股份公司

人事部任用科长

佐藤彩小姐：

我是应聘营业部驻北京销售的杨家荣。感谢您面试时给予的关怀。

前几天您通知我被录用了，由衷地感谢您。

虽然很难启齿，但不得不告诉您，我可能不能去上班了。因为前几天我刚得知半年前我所申请的留学奖学金通过审查了。因此，今天特地跟您知会一声。

感谢各位的照顾，真的非常抱歉，在此致上由衷的歉意。

敬请见谅。

最后，敬祝贵公司蓬勃发展以及诸位平安、健康。

杨家荣

重点句解说

1. ご連絡を頂き

“頂く”这个词，作为一般动词跟作为补助动词时的使用方式有所不同。像本例“ご連絡を頂き”一样直接接在动词后面作为一般动词时，习惯用“頂き”，也就是汉字来表示；但作为补助动词时，则习惯用平假名来表示，如“辞退させていただきます”。

2. お詫び申し上げる次第です

“次第”接在动词的“ます”形后面时表示“该动作一发生之后，就会……”，但是如果是接在动词辞书型或者“た”形后时就是用来表示事情发展至此的理由，属于文章用语。例如：

書類が届いてから問題の深刻さが分かった次第で、大変申し訳ございません。

由于书面资料到了之后才了解到问题的严重性，非常抱歉。

事業拡大を図るために、御社と取引をお願い申し上げる次第でございます。

为了扩大业务，所以才向贵公司提出合作的请求。

可能会遇到的句子

1. 家庭(かてい)の事情(じじょう)で、中国(ちゅうごく)へ赴任(ふにん)することは難(むずか)しくなりました。

   因为家庭因素，所以去中国任职变得困难了。

2. 父(ちち)が経営(けいえい)している会社(かいしゃ)が危(あや)うく[09]なっておりますので、今回(こんかい)の採用(さいよう)は辞退(じたい)させていただきます。父亲经营的公司陷入危机，所以这次的录用请容许我谢绝。

3. せっかく採用(さいよう)のご連絡(れんらく)を頂(いただ)きましたが、すでに就職先(しゅうしょくさき)が決(き)まりましたので、採用(さいよう)の件(けん)は見送(みおく)りさせて[10]いただきます。

   虽然好不容易才收到贵公司的录用通知，但是由于我已经有了自己的选择，所以贵公司的录用，只能婉拒了。

必背关键单词

01. 辞退【じたい】❶
名 / 他Ⅲ：推辞，谢绝

02. 応募者【おうぼしゃ】❸
名：应征者

03. 面接【めんせつ】⓪
名 / 自Ⅲ：面试

04. 申請【しんせい】⓪
名 / 他Ⅲ：申请

05. 心苦しい【こころぐるしい】⑥
イ：难受，于心不安

06. 衷心【ちゅうしん】⓪
名：衷心，内心

07. 末筆【まっぴつ】⓪
名：书信结尾用语，顺祝

08. 多幸【たこう】⓪
名 / ナ：多福，幸福

09. 危うい【あやうい】⓪
イ：危险，担心

10. 見送る【みおくる】⓪
他Ⅰ：放过，送行

了解关键词之后，也要知道怎么写，试着写在下面的格子里。

03 询问职缺

E-mail本文

To "佐藤彩"satou_aya@japan-ic.co.jp

Cc

Bcc

Subject **中途採用**[01]について

日本IC設計株式会社
人事部採用課長　佐藤彩　様

突然のメール失礼致します。私は張于伸と申します。貴社の開発部に**エンジニア**[02]の**募集**[03]**予定**[04]について[1]お伺いしたく、メールを差し上げました。
大学時代は理工系で、半導体を**専攻**[05]していました。大学を卒業した後、日本商事北京支社に**就職**[06]し、5年間営業の業務に**従事**[07]してまいりましたが、最近は**技術者**[08]に転職と考えております。
ゲーム機に興味を持ております私にとって、**プロセス**[09]**チップ**[10]の開発に力を入れておられる[2]貴社に、非常に魅力を感じております。貴社にエンジニアの中途採用をお考えであれば、是非応募したい所存です。

お**手数**[11]とは存じますが、中途採用の有無をご**教示**[12]頂けませんでしょうか。
よろしくお願い申し上げます。

張于伸

****

張于伸

E-mail: zhang01@hotmail.com　実家電話: ○○○○-○○○○
携帯電話: ○○○-○○○-○○○-○○　実家住所: 〒○○○-○○○
中国北京市○○路○○号○○階

翻译

日本IC设计股份公司

人事部任用科长

佐藤彩小姐：

很抱歉突然写邮件给您。我叫张于伸。想要请教贵公司开发部招募工程师的预定计划，所以写邮件给您。

我大学读的是理工科，专攻半导体。大学毕业后进入日本商业北京分公司就职，从事了5年的业务工作，最近想转任技术人员。

我一直对游戏机很有兴趣，致力于处理晶片开发的贵公司，对我来说非常有吸引力。若贵公司最近有招募工程师的计划，我非常想应征。

所以，可否请您告诉我贵公司是否有招募的计划。

非常感谢。

张于伸

日文E-mail 语法重点解析

重点句解说

1. について

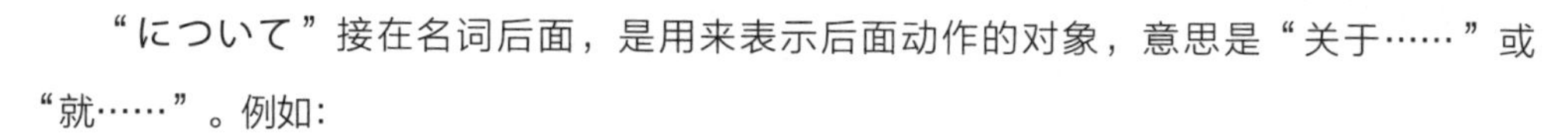
“について”接在名词后面，是用来表示后面动作的对象，意思是“关于……”或“就……”。例如：

日本文化についてアンケート調査を行いました。就日本文化进行问卷调查。

就職実態について大規模の調査が行われています。正在进行大规模的关于就业状况的调查。

2. 入れておられる

这是由“おる”这个补助动词变化而来的。原本“おる”的用法如下：

来年日本に留学しますと考えております。我正在考虑明年去日本留学。

今は大学で日本語を勉強しております。我现在正在大学里学日语。

如上面所表示，“ております”是用来谦卑地表示自己的动作，但是如果将其改成可能形“おられる”的话，就会变成是尊敬对方所做的动作的意思，例句如下：

番組の後、この放送を聞いておられる方々に、プレゼントを差し上げます。

节目结束后，将赠送礼物给收听本节目的各位。

携帯からアクセスしておられる方に、特別にボーナスポイントをつけさせていただきます。
使用手机上网的客人，我们会特别赠与您奖励点数。

日文E-mail
高频率使用例句

可能会遇到的句子

1. 御社のホームページ[13]で、現在採用情報の掲載されていないようですが、将来は掲載なさるご予定がございますでしょうか。
在贵公司的网站上，好像没看到有招聘信息，请问今后会登出吗？

2. 面接の機会を頂ければ幸いでございます。如果能给我面试机会的话，那我实在太荣幸了。

3. ご説明頂きましたところ、貴社の社員教育は大変充実しております。
听您的说明，贵公司的职员培训内容非常丰富。

必背关键单词

01. 中途採用【ちゅうとさいよう】❹
名：在年度定期招募人员以外的时期进行的人员招募。日本定期招募是针对4月应届毕业生进行的。

02. エンジニア ❸
名：工程师

03. 募集【ぼしゅう】⓿
名 / 他Ⅲ：招聘

04. 予定【よてい】⓿
名 / 他Ⅲ：预定

05. 専攻【せんこう】⓿
名 / 他Ⅲ：专攻，专修

06. 就職【しゅうしょく】⓿
名 / 他Ⅲ：就职，就业

07. 従事【じゅうじ】❶
名 / 他Ⅲ：从事

08. 技術者【ぎじゅつしゃ】❸
名：技术人员

09. プロセス ❷
名：程序，处理

10. チップ ❶
名：晶片

11. 手数【てすう】❷
名：费事，费心，麻烦

12. 教示【きょうじ】❸
名 / 他Ⅲ：指教，指点

13. ホームページ ❹
名：网页，首页

04 录用通知

E-mail本文

To: "童柏宏"tong01@hotmail.com

Cc:　　　　Bcc:

Subject: 採用のご通知

童　柏宏　様

時下ますますご**清祥**[01]の段、お慶び申し上げます。

さて、このたび、当社の社員募集にご応募頂きありがとうございました。**慎重**[02]**に検討**[03]させていただきました結果、貴殿の採用が決定致しましたので、**下記**[04]**の通り**[05]詳細をご**通知**[06]申し上げます。

1. 出社時間：2016年6月25日（金曜日）午前8時30分
2. 場所：当社大会議室
3. 下記の物は当日**ご持参ください**[1]。
   （1）身分証明書　（2）銀行などの**口座**[07]**通帳**[08]**の写し**[09]　（3）印鑑
   （4）卒業証明書（**原本**[10]、確認用）

尚、社員の人事資料の**登録**[11]**ファイル**[12]を添付してお送り致しましたので、6月21日（月曜日）までに、**ご記入の上**[2]、ご**返送**[13]頂くようお願い申し上げます。

ご通知**事項**[14]は以上となりますが、何かご不明な点などございましたら、ご**遠慮**[15]なく私までにお問い合わせください。

E-mail：matsumoto_takuya@japan-ic.co.jp　TEL：○○○○-○○○○　（内線）○○○

松本拓也

****

日本IC設計株式会社

人事部採用課

採用係り　松本拓也

E-mail：matsumoto_takuya@japan-ic.co.jp　TEL：○○○○-○○○○　（内線）○○○

FAX：○○○○-○○○○　〒○○○-○○○

中国北京市○○路○○号○○階

翻译

童柏宏先生：

敬启，敬祝您身体健康。

谢谢您前来应聘。经过慎重考虑，我们决定录用您，所以特地通知您过来报到，详细内容如下：

1. 报到时间：2016年6月25日（星期五）上午8点30分

2. 地点：本公司大会议室

3. 当天携带资料：

（1）身份证（2）银行等存折复印件（3）印章（4）毕业证书（正本，确认用）

另外，因为需要提前登记员工人事资料，所以请您也将个人材料附上。请于6月21日（星期日）前填写完后寄回。

如有任何不清楚的地方，请和我联系。

电子邮件：matsumoto_takuya@japan-ic.co.jp

电话：○○○○-○○○○　（内线）○○○

松本拓也

重点句解说

1. ご持参(じさん)ください

“持参(じさん)”可以当作名词，也可以加上“する”当作动词使用，常常有人将下列句子误以为是尊敬的讲法：

持参(じさん)してください。请带印章过来。

使用动词加上“てください”这种说法只能算是礼貌，还没到尊敬的程度。此类可以当名词也可以加上“する”当作动词的词汇，易被误用，从而导致尊敬程度不够。因此如果要尊敬地表达对方的动作的话，就必须使用本文的说法。其他例子有：

ご教示(きょうじ)ください。请指点。　**ご笑納(しょうのう)ください。**请笑纳。　**ご提示(ていじ)ください。**请出示。

2. ご記入(きにゅう)の上(うえ)

“上(うえ)”除了表示“上方”以外，还有一个很重要的用法，就是表示在某种状况或动作成立之后，再加上另外一种状况或者动作。例如本文所用的“ご記入(きにゅう)の上(うえ)”则是表示“填写”这个动作完毕之后，接着进行下一个动作。其他例句如：

ご確認(かくにん)の上(うえ)、お申(もう)し込(こ)みください。请确认好再申请。

これは慎重(しんちょう)に考(かんが)えた上(うえ)の決定(けってい)です。这是经过慎重考虑后的决定。

可能会遇到的句子

1. 先日面接選考(せんじつめんせつせんこう)で、貴殿(きでん)の考え方(かんがえかた)[16]と当社(とうしゃ)の運営(うんえい)[17]方針(ほうしん)と一致(いっち)[18]しますことと見(み)なし[19]、採用(さいよう)させていただきました。

   日前的面试，我们认为您的想法和本公司的营运方针一致，决定录用您。

2. 貴殿(きでん)のような優秀(ゆうしゅう)な人材(じんざい)は是非(ぜひ)来ていただきたいと存(ぞん)じます。

   我们非常希望像你这么优秀的人才到我们公司来。

必背关键单词

01. 清祥【せいしょう】⓿
名：康泰

02. 慎重【しんちょう】⓿
名 / ナ：慎重

03. 検討【けんとう】⓿
名 / 他Ⅲ：研讨，讨论

04. 下記【かき】❶
名：下列，以下所记

05. 通り【とおり】❸
名 / 接尾：（接在名词后）原样，同样

06. 通知【つうち】⓿
名 / 他Ⅲ：通知，告知

07. 口座【こうざ】⓿
名：账户

08. 通帳【つうちょう】⓿
名：存折

09. 写し【うつし】❸
名：副本，抄本

10. 原本【げんぽん】❶
名：原本，原件

11. 登録【とうろく】⓿
名 / 他Ⅲ：登记，注册

12. ファイル ❶
名：档案，资料

13. 返送【へんそう】⓿
名 / 他Ⅲ：回寄，送回

14. 事項【じこう】❶
名：事项，项目

15. 遠慮【えんりょ】⓿
名 / 他Ⅲ：客气，回避，谢绝

16. 考え方【かんがえかた】❺
名：想法，思考方式

17. 運営【うんえい】❶
名 / 他Ⅲ：运用，经营

18. 一致【いっち】⓿
名 / 自Ⅲ：一致，符合

19. 見なす【みなす】⓿
他Ⅰ：看作，认为

05 不录用通知

E-mail本文

To "呉俊忠(ごしゅんちゅう)"wu05214@hotmail.com

Cc

Bcc

Subject 選考結果(せんこうけっか)のお知(し)らせ

呉俊忠(ごしゅんちゅう)様(さま)

時下(じか)ますますご清栄(せいえい)のことと存(ぞん)じます。この度(たび)は**外注**(がいちゅう)[01]**デザイナー**[02]募集(ぼしゅう)にあたり[1]、早速(さっそく)のご応募(おうぼ)ありがとうございました。

貴殿(きでん)につきまして慎重(しんちょう)なる審査(しんさ)の結果(けっか)、今回(こんかい)は残念(ざんねん)ながら採用(さいよう)を見送(みおく)らせていただくことになりました。

誠(まこと)に**不本意**(ふほんい)[03]な結果(けっか)でございますが、**悪(あ)しからず**[04]ご了承(りょうしょう)くださいますようお願(ねが)い申(もう)しあげます[2]。

また、今後(こんご)他(ほか)の募集(ぼしゅう)予定(よてい)がございましたら、呉様(ごさま)を優先(ゆうせん)してご連絡(れんらく)させていただきます。

末筆(まっぴつ)ながら今後(こんご)貴殿(きでん)のご**健闘**(けんとう)[05]をお祈(いの)り申(もう)し上(あ)げます。

松本拓也(まつもとたくや)

****

日本(にほん)IC設計株式会社(せっけいかぶしきがいしゃ)
人事部採用課(じんじぶさいようか)
採用係(さいようかか)り　松本拓也(まつもとたくや)

E-mail：matsumoto_takuya@japan-ic.co.jp　TEL：○○○○-○○○○　（内線(ないせん)）○○○

FAX：○○○○-○○○○　〒○○○-○○○

中国北京市(ちゅうごくぺきんし)○○路(ろ)○○号(ごう)○○階(かい)

翻译

吴俊忠先生：

敬祝您身体健康。这次敝公司招聘外包设计人员，谢谢您立刻应聘。

经过对您慎重审查，很遗憾您未能被录用。

这真的是非常不得已的结果，还恳请您不要见怪。

此外，今后如果有其他招聘计划，我们将优先通知吴先生。

最后敬祝您今后一切顺利。

松本拓也

重点句解说

1. …にあたり

“…にあたり”是比“…にあたって”更加敬重的句型。接在名词后面表示“在……的时候”或“在……当下”的意思。后面所接的句子可以是前面名词所呈现的状况的延续发展（顺接），也可以是和其相反的发展（逆接）。例如：

弊社の社員募集にあたって、当社指定の履歴書をご記入の上、ご応募いただきますようお願い申し上げます。

应聘本公司职员时，请先填写本公司指定的履历表。

警察という職にあたって、自ら[06]罪[07]を犯す[08]とは許し[09]がたいです。

身为警察，竟然以身试法，真是不可原谅。

2. 誠に不本意な結果でございますが、悪しからずご了承くださいますようお願い申しあげます。

虽然公司方面拥有绝对的权力决定录用谁，不过毕竟是带给对方不好的消息，因此在措辞上还是得下点功夫，这样在对应征者表示敬意的同时也可以维持公司以及自己的形象。“不本意”（情非得已，非己所愿）这个在日语学习过程中少有机会接触的词，非常适合用在这里，因为这样就不用伤脑筋去写出一大长串的句子表示“情非得已”了。另外“悪しからず”（请别见怪）也是在无法符合对方期望时，一种象征性的礼貌说法，比“悪く思わないで…”（别见怪）更适用于这类书信。

可能会遇到的句子

1. 慎重(しんちょう)に審査(しんさ)を行(おこな)った結果(けっか)、残念(ざんねん)ながら、今回(こんかい)の採用(さいよう)をご辞退申(じたいもう)し上(あ)げることになりました。经过慎重审查，很遗憾您未被录用。

2. 慎重(しんちょう)に選考(せんこう)させていただきました結果(けっか)、大変残念(たいへんざんねん)なことで、貴意(きい)[10]に添(そ)い[11]かねることとなりました。

   经过慎重地评选之后，相当遗憾地通知您，您未被录用。

3. 提出頂(ていしゅついただ)きました関係書類(かんけいしょるい)は後日郵送(ごじつゆうそう)で返送致(へんそういた)します。

   您说的相关资料将于日后邮寄还您。

4. 過日(かじつ)[12]は、当社採用選考(とうしゃさいようせんこう)[13]会(かい)にお越(こ)し頂(いただ)き、ありがとうございました。

   前些日子，谢谢您前来本公司参加录用选拔会。

必背关键单词

01. 外注【がいちゅう】⓿
名 / 他Ⅲ：外包，向外部订货

02. デザイナー ❷
名：设计师

03. 不本意【ふほんい】❷
名 / ナ：并非本意，情非得已，逼不得已

04. 悪しからず【あしからず】❸
副：不要见怪，原谅

05. 健闘【けんとう】⓿
名 / 自Ⅲ：奋斗

06. 自ら【みずから】❶
副 / 代：亲自，亲身；自己

07. 罪【つみ】❶
名：罪，罪恶

08. 犯す【おかす】❷
他Ⅰ：犯（罪），冒犯

09. 許す【ゆるす】❷
他Ⅰ：饶恕，准许，允许

10. 貴意【きい】❶
名：尊意，您的意思

11. 添う【そう】⓿
自Ⅰ：符合，添加

12. 過日【かじつ】❶
名：前些日子

13. 選考【せんこう】⓿
名 / 他Ⅲ：选拔

06 咨询公司说明会日期

E-mail本文

To "鈴木康平"suzuki_kouhei@japan-ic.co.jp

Cc

Bcc

Subject キャンパス内会社説明会の日程について

日本IC設計株式会社
人事部採用課
鈴木康平　様

突然のメール失礼致します。私は北京大学経済学部4年生、張祐威と申します。貴社の会社説明会に関して[1]お伺いしたく、メールを差し上げました。

毎年、貴社による[2]**キャンパス**[01]内の会社説明会が**催されます**[02]が、今年も往年と**同様**[03]に開催されますでしょうか。私は貴社の**明るい**[04]**社風**[05]**に憧れ**[06]、貴社に就職したい**思い**[07]が**日々**[08]高くなっておりので、是非説明会に参加したく存じます。

ご多忙の中、お手数をお掛け致しまして大変申し訳ございませんが、今年の**実施**[09]**日程**[10]をご教示頂きますよう、お願い申し上げます。

張　祐威

****

張　祐威

E-mail：zhang02@hotmail.com　実家電話：○○○○-○○○○
携帯電話：○○○-○○○-○○○-○○　実家住所：〒○○○-○○○
中国北京市○○路○○号○○階

翻译

日本IC设计股份公司

人事部任用科长

铃木康平先生：

很抱歉突然写邮件给您。我是北京大学经济学院四年级学生张佑威。想咨询有关贵公司的公司说明会的相关事宜，所以写邮件给您。

每年，贵公司都会举办校内公司说明会，不知道今年是否也同往年一样。我非常向往贵公司氛围活泼的企业文化，想进贵公司工作的意愿与日俱增。今年也非常希望能参加说明会。

在您忙碌之际，还麻烦您，真的非常抱歉，但希望您能告知今年的举办时间。

张佑威

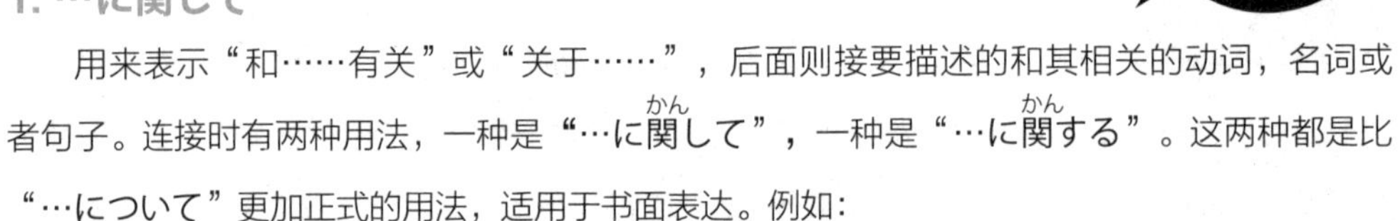

重点句解说

1. …に関して

用来表示“和……有关”或“关于……”，后面则接要描述的和其相关的动词，名词或者句子。连接时有两种用法，一种是“…に関して”，一种是“…に関する”。这两种都是比“…について”更加正式的用法，适用于书面表达。例如：

科学の歴史に関する本。有关科学历史的书。

この件に関しては、また来週の会議で話しましょう。关于这件事，我们下周会议上再谈。

2. …による

用来表示动作主体或者事物发生的原因，也是属于比较正式的书面用法。例如：

総経理による営業方針の変更は、以下のとおりです。

总经理提出的经营方针的变更如下。

バイクや車の排気による地球温暖化の問題は我々に迫ってきます。

汽车排放废气造成全球变暖的问题，对我们来说越来越紧迫。

可能会遇到的句子

1. 今年(ことし)は予算(よさん)[11]が大幅(おおはば)に[12]削減(さくげん)[13]されるため、会社説明会(かいしゃせつめいかい)は中止致(ちゅうしいた)しました。

   今年因为大幅削减预算，所以公司说明会中止了。

2. 会社説明会(かいしゃせつめいかい)は来週(らいしゅう)の月曜日(げつようび)午後二時(ごごにじ)、北京大学(ぺきんだいがく)の講演堂(こうえんどう)で開催致(かいさいいた)します。

   公司说明会于下周一下午两点，在北京大学的礼堂举行。

3. お申(もう)し込(こ)み、お問(と)い合(あ)わせは各校(かくこう)の輔導室(ほどうしつ)までにお願(ねが)い申(もう)し上(あ)げます。

   申请以及咨询，请联系各校辅导室。

4. 説明会(せつめいかい)は交代制(こうたいせい)[14]と致(いた)し、入場時間制限(にゅうじょうじかんせいげん)がございますので、ご注意(ちゅうい)ください。说明会采取交替制且有入场时间限制，请特别注意。

必背关键单词

01. キャンパス ❶
名：大学校园

02. 催す【もよおす】❸
他I：举办，主办

03. 同様【どうよう】⓪
名/ナ：同样，一样

04. 明るい【あかるい】⓪
イ：明朗的，快活的，明亮的

05. 社風【しゃふう】⓪
名：企业文化，公司风气

06. 憧れる【あこがれる】⓪
自II：向往，憧憬

07. 思い【おもい】❷
名：思念，感觉，心情，心愿

08. 日々【ひび】❶
名：每天

09. 実施【じっし】⓪
名/他III：实施，实行

10. 日程【にってい】⓪
名：日程

11. 予算【よさん】⓪
名：预算

12. 大幅【おおはば】⓪
名/ナ：大幅

13. 削減【さくげん】⓪
名/自他III：缩减，缩小

14. 交代制【こうたいせい】⓪
名：交班制，交换制

面试邀约

E-mail本文

To	"林守甫"lin02@msn.com
Cc	
Bcc	
Subject	面接のご案内

林守甫　様

はじめまして。私は日本IC設計株式会社、人事部採用課採用係り、松本拓也と申します。

さて、このたび、108求人総合サイトで貴殿の履歴書を拝見し、当社にご面接に**お越し**[01]頂きたく、メールを差し上げました。

当社は現在、**サービスセンター**[02]**の管理職**[03]の人材を探しております。貴殿の履歴書を拝見していただきましたところ、貴殿は顧客への対応経歴が豊富で、企業**イメージ**[04]の**向上**[05]に**対して**[1]独特な見解の**持ち主**[06]であること**了承**[07]いたしました。

下記のURLで当社の求人情報が掲載しております。ご興味がございましたら、是非一度お越し頂き、お話をさせて頂きたい所存でございます。

本件の問い合わせは私、松本拓也までお願い申し上げます。

E-mail：matsumoto_takuya@japan-ic.co.jp　TEL：○○○○-○○○○　（内線）○○○

首を長くして[2]ご連絡をお待ちしております。

まずは、ご案内かたがたご挨拶まで、失礼致します。

松本拓也

****

日本IC設計株式会社

人事部採用課

採用係り　松本拓也

E-mail：matsumoto_takuya@japan-ic.co.jp　TEL：○○○○-○○○○　（内線）○○○

FAX：○○○○-○○○○　〒○○○-○○○

中国北京市○○路○○号○○階

翻译

林守甫先生：

您好。我是日本IC设计股份公司，人事部招聘科负责人松本拓也。

我在108求职综合网上拜读了您的履历，希望您能来本公司面试，因此发邮件给您。

本公司现在正在寻找客服中心的管理人才。看了您的履历之后，知道您在处理顾客问题上有丰富的经验，是一位对于提升企业形象有独到见解的人。

下面的URL中有记载我们公司的职缺内容。如果有兴趣的话，请您务必光临我们公司，我们谈一谈。

有关本招聘的咨询，请与我联系，我叫松本拓也。

电子邮件：matsumoto_takuya@japan-ic.co.jp

电话：○○○○-○○○○　（内线）○○○

引颈期盼您与我联系。

首先仅以此邮件为您做个说明并致上问候之意。打扰了。

松本拓也

重点句解说

1.…に対して

“…に対して”用于针对前面的事物，进行某些动作，或者持某些态度、想法时使用。后面如果是接名词的话可使用“…に対しての＋名词”或者“…に対する＋名词”的形式。例如：

今回の不良品に対しての改善策[08]は未だに提出していません。
尚未提出针对这次瑕疵的改善对策。

業務ミス[09]に対する処分はまだ検討中です。对业务过失的处分尚在讨论中。

2. 首を長くして…

“首を長くして…”为惯用说法，用伸长脖子这一动作来表示殷切的等候、盼望，相当于中文中的引颈期盼。例如：

彼は首を長くして彼女の手紙を待っています。他引颈期盼着女友的信。
皆は首を長くして投票の結果を待っています。大家伸长脖子在等待投票的结果。

可能会遇到的句子

1. ご希望(きぼう)の就任時間(しゅうにんじかん)はございますでしょうか。什么时候方便上班？

2. 俸給(ほうきゅう)[10]はご面接(めんせつ)の際(さい)、詳(くわ)しくご説明致(せつめいいた)します。薪资部分在面试时会为您详细说明。

必背关键单词

01. **お越し【おこし】⓿**
名：去、来的尊敬语

02. **サービスセンター ❺**
名：服务中心，客服中心

03. **管理職【かんりしょく】❸**
名：管理人员

04. **イメージ ❷**
名：形象

05. **向上【こうじょう】⓿**
名 / 自Ⅲ：提升，向上

06. **持ち主【もちぬし】❷**
名：所有者，持有者

07. **了承【りょうしょう】⓿**
名 / 他Ⅲ：知道，晓得

08. **改善策【かいぜんさく】❺**
名：改善计划，改善策略

09. **ミス ❶**
名：错误，失败

10. **俸給【ほうきゅう】⓿**
名：薪俸，工资

了解关键词之后，也要知道怎么写，试着写在下面的格子里。

08 介绍信

E-mail本文

To: "佐藤彩"satou_aya@japan-ic.co.jp

Cc:

Bcc:

Subject: 社員教育の人材の件をご紹介致します

佐藤　様

平素は格別のお引立てを頂き、ありがとうございます。弘揚商事の黄です。

さて、先日企業の社員訓練における[1]**ベテラン**[01]を**紹介**[02]してほしいとのお話を伺いましたので、友人の楊雅嵐氏（ヨウ　ガラン）をご紹介申し上げます。

同氏[03]は北京大学**大学院**[04]の企業　人材管理の**修士号**[05]を取得し、桜　銀行に就職しましたが、ご存知の通り桜銀行は先月北京での営業を停止し、日本に**引き上げました**[06]ので、現在彼女は再就　職しております。

大学時代から成績が**優秀**[07]のみならず[2]、熱心で**活発**[08]な性格で、学校の**人気者**[09]でした。桜銀行での在職　期間にも、社員を対象とする**ゼミナール**[10]などの活動を企画し、成功しました。同氏の**情熱**[11]と経験を持ちまして、必ず貴社で活躍すると確信しております。

つきましては、同氏の履歴書を添付いたしましたので、是非ご高配賜りますようお願い申し上げます。

まずは、取り急ぎご紹介申し上げます。

黄貫方

****

株式会社弘揚商事

営業部黄貫方

E-mail：skirichard@hotmail.com　TEL：○○○○-○○○○　（内線）○○○

FAX：○○○○-○○○○　〒○○○-○○○

中国北京市○○路○○号○○階

翻译

佐藤小姐：

谢谢您平日的照顾。我是弘扬商业的黄（贯方）。

日前听您说想要找寻在企业人才训练方面有丰富经验的人，因此为您介绍我的朋友杨雅兰。

她在北京大学取得企业人才管理的硕士学位后，进入樱花银行上班。但如您所知，樱花银行已经于上个月结束在北京的经营，撤回日本了，因此她目前正在找寻工作。

她在大学时代成绩优秀，热心活泼的性格也使她成为学校的风云人物。在樱花银行工作期间，她曾成功策划数次以员工为对象的研讨会等活动。以她的热情与经验，相信其在贵公司一定能大展拳脚。

因此，我将她的履历随邮件发给您，还请您多多关照。

先以此为您做个介绍。

黄贯方

重点句解说

1. における

“における”是用来修饰后面的名词，表示在某种场所、时间或状况下，该名词的状态持续或是产生。因此文中的“企業の社員訓練におけるベテラン”指的就是“在企业的员工训练这一方面，具有丰富经验的人”。

ビジネス[12]における文書の遣り取り[13]は、人と話すよりずっと硬いです。
在商界的文书往来中，其遣词造句比起跟人说话要正式。

中小企業における経営体制の改造は、政権交代の一年後始まりました。
中小企业的经营体制改造，在政权交接的一年之后开始了。

2. …のみならず

承接前面的内容，表示不仅止于前面所述的内容，相当于“だけではなく”（不止……），但是比“だけではなく”正式，属于郑重的书面用语。

サービス業[14]のみならず、金融業[15]にも進出[16]しようとしています。
不只是服务业，还想进军金融业。

リーマン・ブラザースの倒産[17]の影響はアメリカ国内のみならず、世界にも及ぼしました[18]。
雷曼兄弟破产不仅影响美国国内，还波及了全世界。

日文E-mail
高频率使用例句

可能会遇到的句子

1. 彼（かれ）は大学（だいがく）の日本語会話（にほんごかいわ）サークル[19]の会長（かいちょう）で、日本語能力（にほんごのうりょく）は勿論（もちろん）、日本文化（にほんぶんか）にもよく知（し）っています。

他是大学日语会话同好会的会长，日语能力自然不在话下，对日本文化也相当熟悉。

2. 彼女（かのじょ）は前（まえ）の仕事（しごと）の関係（かんけい）で、かなり[20]の人脈（じんみゃく）[21]を持（も）っている。

她因为之前工作的关系，拥有相当多的人脉。

3. 彼（かれ）は人柄（ひとがら）[22]がよく、精神力（せいしんりょく）が強（つよ）いため、この仕事（しごと）に一番相応（ふさわ）しい[23]人（ひと）だと信（しん）じております。他人品好又拥有坚强的意志，我相信他是最适合这份工作的人。

必背关键单词

01. ベテラン ⓪
名：经验丰富者，经验老到者

02. 紹介【しょうかい】⓪
名 / 他Ⅲ：介绍

03. 同氏【どうし】❶
名：她，指前文中出现的人物

04. 大学院【だいがくいん】❹
名：研究所，研究生院

05. 修士号【しゅうしごう】⓪
名：硕士学位

06. 引き上げる【ひきあげる】❹
自Ⅱ / 他Ⅱ：返回，回归；吊起

07. 優秀【ゆうしゅう】⓪
名：优秀

08. 活発【かっぱつ】⓪
ナ：活泼，活跃

09. 人気者【にんきもの】⓪
名：红人，受欢迎的人

10. ゼミナール ❸
名：研讨会，讨论会

11. 情熱【じょうねつ】⓪
名：热情，激情

12. ビジネス ❶
名：商业，业务

13. 遣り取り【やりとり】❷
名 / 他Ⅲ：往来，交换，互换

14. サービス業【サービスぎょう】❺
名：服务业

15. 金融業【きんゆうぎょう】❺
名：金融业

16. 進出【しんしゅつ】⓪
名 / 自Ⅲ：进入，出动

17. 倒産【とうさん】⓪
名 / 自Ⅲ：破产

18. 及ぼす【およぼす】⓪
他Ⅰ：达到，波及

19. サークル ❶
名：同好会，圆周

20. かなり ❶
副 / ナ：相当，颇

21. 人脈【じんみゃく】⓪
名：人脉

22. 人柄【ひとがら】⓪
名 / ナ：人品，品格

23. 相応しい【ふさわしい】❹
イ：适合的，相称的

感谢询问商品

E-mail本文

To	"林雅惠"lin04@hotmail.com
Cc	
Bcc	
Subject	お問い合わせのIC-X85

林　様

いつもお世話になっております。日本商事の佐藤です。お問い合わせ頂きありがとうございます。

早速ですが、IC-X85の**在庫**[01]のお問い合わせにつきまして[1]ご**返事**[02]させていただきます。IC-X85の在庫は十分ございますので、お問い合わせの2000個は**受注**[03]次第、すぐにご**発送**[04]が可能でございます。是非宜しくお願い申し上げます。
尚、また何かご**不明**[05]の点がございましたら、どうぞご遠慮なく私までご連絡頂ければと存じます[2]。連絡先は下記の通りです。

E-mail：satou_daiki@japan.co.jp　TEL：○○○○-○○○　（内線）○○○

では、取り急ぎ、お礼かたがたご返事まで失礼致します。

佐藤大樹

****

株式会社日本商事
IT製品課　佐藤大樹
E-mail：satou_daiki@japan.co.jp　TEL：○○○○-○○○　（内線）○○○
FAX：○○○○-○○○　〒○○○-○○○
日本国東京都○○区○○町○○丁目○○－○○

翻译

林小姐：

平日受您照顾了。我是日本商业的佐藤。谢谢您来信询问有关敝公司的商品。

现在我来回答您询问的IC-X85库存的相关问题。

IC-X85的库存还相当多，因此您询问的2 000个（产品）在收到订单后就可以立即出货。还请多多指教。

另外，如果有什么不清楚之处，请别客气，与我联系。联系方式如下：

电子邮件：satou_daiki@japan.co.jp

电话：○○○○-○○○　（内线）○○○

仅先以此邮件致谢并回复您。

佐藤大树

重点句解说

1. …につきまして

“…につきまして”表示“和……有关”，是比“…について”更礼貌的说法，和“…について”一样，后面接名词时也可以用“…につきましての”的形式。

海外発送につきましてのお問い合わせは営業部小田村までお願い申し上げます。
有关海外运送的咨询，麻烦请联系营业部的小田村先生。

新商品につきましてのご説明は午後から始まります。新商品的说明会于下午开始。

2. ご連絡頂ければと存じます

这种用法是把对方的动作用假定形表示，使得句子更加委婉。如本文中的句子，原本可讲成“ご連絡ください”（请联络我）。但是文中的句子使用动词假定形加上假定助词“ば”，并且没有明确叙述该假定所对应的结果，而是以“と存じます”来代替结果。目前在日语口语或者文章体里面，这样的用法非常常见。

以文中句子来讲，没说出来的应该是类似“直ぐにご回答致します”（马上回答您）这样的句子。其他例如：

このグラフ[06]について説明してください。请就这图表说明一下。

如果要委婉一点讲就会变成：

このグラフについてご説明頂ければと思います。或许可以请你就这图表说明一下。

可能会遇到的句子

1. この機種は在庫が切れています[07]が、新しい機種ならございます。

   这个机型目前缺货，不过新的机型还有货。

2. この商品は来月発売[08]開始ですので、何卒宜しくお願い申し上げます。

   这个商品下个月开始销售，请多指教。

3. この商品は確かに弊社が開発しました[09]が、販売[10]は代理店に委ねています[11]。

   此商品确实由敝公司开发，但销售则委托代理商进行。

必背关键单词

01. 在庫【ざいこ】⓿
名：库存，存货

02. 返事【へんじ】❸
名 / 自Ⅲ：回答，回信

03. 受注【じゅちゅう】⓿
名 / 他Ⅲ：接受订单

04. 発送【はっそう】⓿
名 / 他Ⅲ：发送，寄送

05. 不明【ふめい】⓿
名 / ナ：不清楚，不详

06. グラフ ❶
名：图表

07. 切れる【きれる】❷
自Ⅱ：短缺；切割

08. 発売【はつばい】⓿
名 / 他Ⅲ：发售，出售

09. 開発【かいはつ】⓿
名 / 他Ⅲ：开发

10. 販売【はんばい】⓿
名 / 他Ⅲ：贩售，出售

11. 委ねる【ゆだねる】❸
他Ⅱ：委托

了解关键词之后，也要知道怎么写，试着写在下面的格子里。

02 感谢来信

E-mail本文

To "河住 雅 "kawazumi_miyabi@yahoo.co.jp

Cc

Bcc

Subject RE:お元気ですか、河住です

河住さん

こんにちは、高です。メール、ありがとうございました。

日本に会って以来半年**振り**[01]で、ご連絡ご**無沙汰**[02]して失礼しました。でも河住さんが元気そうで**何よりです**[1]。

北京に帰ってきてから、**すっかり**[03]忙しくなって、**慌しい**[04]毎日を送ってきました。**気が付けば**[05]、また一年が**過ぎようとしています**[2]。自分のやりたい事何一つもできなくて終わってしまいそうになります。今年あと少しですが、**なんとしても**[06]自分の目標を一つぐらい達したいです。

来年も日本に**出張**[07]する予定があります。そのとき河住はお時間があれば、また**どこか**[08]で食事でもしましょう。

春が近いですが、まだまだ寒いですので、くれぐれもご自愛ください。

それでは、また。

高漢峰

****

E-mail：huang0718@homtail.com TEL：○○○○-○○○○

携帯：○○○-○○○-○○○-○○

翻译

河住小姐：

您好，我是高（汉峰），谢谢您的来信。

日本一别已经半年了，疏于联系真是抱歉。但是河住小姐好像过得不错，那比什么都重要。

回北京之后，变得很忙碌，每天过着匆匆忙忙的生活，一回神，又快一年了。看来今年又要在一事无成的情况下就这样过去了。今年还剩下一点时间，无论如何都要达成至少一个目标。

明年也有去日本出差的计划，如果那时候河住小姐有时间的话，一起找个地方吃饭吧。

虽然春天将近，但还是很冷，请您多加保重自己的身体。

那就先写到此，下次再聊。

高汉峰

重点句解说

1. 何（なに）よりです

“何（なに）より”是用来表示“比……还重要／好”，不过只限于和对方有关的事情，不能使用在自己身上，例如：

× **私（わたし）がぎりぎり[09]で合格（ごうかく）したけど、大学（だいがく）に行（い）けて何（なに）よりだ。**

我虽然只是勉强通过，但是可以进大学比什么事都重要。

○ **交通事故（こうつうじこ）でバイク[10]が壊（こわ）れて気（き）の毒（どく）[11]だけど、あなたが無事（ぶじ）で何（なに）よりだ。**

摩托车因为车祸而坏掉了是挺惨的，不过你平安无事最重要。

另外也可以用来形容名词，例如：

お客（きゃく）さんからの「ありがとう」は、何（なに）よりの報（むく）い[12]です。

从客人口中讲出的“谢谢”，是比什么都棒的回报。

2. 過（す）ぎようとしています

使用与人类意志无关的动词，例如“始（はじ）まる”“開（ひら）く”，在其“ます”形后加上“ようとする”可表现出该动词的动作或者变化即将进行，例如：

弱弱しい[13]蝉の鳴き声[14]は夏が終わろうとしていることを告げた。

孱弱的蝉鸣声告诉我们夏天即将要结束了。

時代の歯車[15]が今、動き出そう[16]としている。时代的齿轮现在正要转动。

日文E-mail 高频率使用例句

可能会遇到的句子

1. あの時の刺身[17]は懐かしい[18]です。好怀念那时候的生鱼片。
2. 転職がうまく[19]いくといいです。换工作顺利的话就好了。
3. また北京においで[20]ください。请再来北京。
4. 美味しいところを案内するから、遊びに来てください。

   我带你去美食街，所以请再来玩。

必背关键单词

01. 振り【ぶり】⓪
    造：表示时间的经过
02. 無沙汰【ぶさた】⓪
    名：久未通信，疏于联系
03. すっかり ❸
    副：完全，都
04. 慌しい【あわただしい】❺
    イ：慌乱，忙乱
05. 付く【つく】❶
    自Ⅰ：察觉，附着，跟随
06. なんとしても ❶
    惯：无论如何
07. 出張【しゅっちょう】⓪
    名/自Ⅲ：出差
08. どこか ❶
    惯：某处
09. ぎりぎり ⓪
    名：刚好，勉勉强强
10. バイク ❶
    名：摩托车
11. 気の毒【きのどく】❸
    名/ナ：悲惨，可怜，遗憾
12. 報い【むくい】⓪
    名：因果报应，报酬，回报
13. 弱弱しい【よわよわしい】❺
    イ：孱弱，软弱
14. 鳴き声【なきごえ】❸
    名：鸟类的叫声，啼声
15. 歯車【はぐるま】❷
    名：齿轮
16. 動き出す【うごきだす】❹
    自Ⅰ：启动，出动，迈出一步
17. 刺身【さしみ】❸
    名：生鱼片
18. 懐かしい【なつかしい】❹
    イ：怀念的，思慕的
19. うまい ❷
    イ：美味的，可口的
20. おいで ⓪
    名：在，在家（“居る”的尊敬语）

03 感谢订购

E-mail本文

To	"李耀輝" li01@hotmail.com
Cc	
Bcc	
Subject	ご注文頂き、ありがとうございます

株式会社弘揚商事

営業部長

李耀輝　様

心忙しい[01]年の**暮れ**[02]、貴社ますますご清栄のこととお喜び申し上げます。いつも**一方ならぬ**[03]お力添えに**預かり**[04]、心より感謝しております。さて、このたび弊社開発の**炊飯器**[05]を10000台ご注文頂きまして、誠にありがとうございます。ご指定の**納期**[06]については固く**厳守**[07]することは勿論、スムーズに納品できるよう手配致す所存でございます。また、製品に関するご質問等ございましたら、お気軽に私までお問い合わせ下さい。

電話番号：○○○○-○○○○内線○○○

メール：satou_yumi@japan.co.jp

これを機会に厚いご信頼にお答えするため、より一層業務に**精励**[08]致したく存じます。今後とも、変わらぬご愛顧のほどお願い申し上げます。

末筆ながら、皆様のご健康と一層のご発展を**お祈りしつつ**[1]、**書中にて**[2]お礼申し上げます。

佐藤友美

****

株式会社日本商事

営業部家電製品課　佐藤友美

E-mail：satou_yumi@japan.co.jp　TEL：○○○○-○○○　（内線）○○○

FAX：○○○○-○○○　〒○○○-○○○

日本国東京都○○区○○町○○丁目○○－○○

翻译

弘扬商业股份公司

营业部长

李耀辉先生：

年末了，业务挺繁忙吧？敬祝贵公司业绩蒸蒸日上。一直以来您总是给我们莫大的帮助，由衷感激您。这次，非常感谢您订购敝公司开发的电饭锅1万台。我们一定会严守您指定的交货日期，也会安排妥当以使货物顺利送达。另外，如果您对本产品有任何疑问，欢迎来电咨询。

电话号码：○○○○-○○○　　内线：○○○

电子邮件：satou_yumi@japan.co.jp

为能借此机会答谢您的信赖，我们对工作会更加兢兢业业。今后也请您照顾。

最后敬祝身体健康，业务蓬勃发展，并以此邮件聊表感谢之意。

佐藤友美

重点句解说

1. お祈りしつつ

“つつ”和“ながら”无论是接续方式或者意思都相同。两者都是接在动词“ます”形之后，都是用来衔接两个动词，表示前一个动词进行的同时进行后一个动作。例如：

商品の将来性[09]を探りつつ、会社の進出方針を修正します。
一边探寻商品的未来发展，一边修正公司的发展方针。

沈んで[10]いく夕日[11]を見つつ、浜辺[12]を自転車[13]で走りました。
一边看着西沉的夕阳，一边骑着自行车穿过湖滨。

而在这里，并不是把“祈る”直接连接“つつ”，而是先在“祈る”的“ます”形前加上“お”，使其变成敬语的形态（谦让语），然后加上“する”，变成“お祈りする”（祈祷，祈求）。

2. 書中にて

“にて”简单来讲就是表示方法手段或者场所的“で”，但是“にて”属于较郑重的说法，常用于正式的书信或正式场合。

参加者は2階の受付にてお手続き[14]をお済ませください[15]。参加者请到2楼柜台完成手续。

記者会見は1階のロビー[16]にて行われます。记者招待会在1楼的大厅举行。

日文E-mail
高频率使用例句

可能会遇到的句子

1. ご注文(ちゅうもん)は確(たし)かに承(うけたまわ)りました。 您的订单我们接了。

2. 大変(たいへん)失礼(しつれい)ですが、この商品(しょうひん)は先払(さきばら)い[17]となっています。
很抱歉，这件商品是需要先付款的。

3. この商品(しょうひん)は三色(さんしょく)ございますが、如何(いかが)なさいますか。
这个商品有三种颜色，请问要哪一种？

4. カタログ[18]で表示(ひょうじ)する金額(きんがく)はすべて税込(ぜいこ)み[19]となっております。
目录上表示的金额全都是含税的价格。

必背关键单词

01. 心忙しい【こころぜわしい】❻
イ：心情烦躁，烦心

02. 暮れ【くれ】⓿
名：日暮，黄昏

03. 一方ならぬ【ひとかたならぬ】❻
惯：格外，非常

04. 預かる【あずかる】❸
他Ⅰ：收存，保管，管理，负责

05. 炊飯器【すいはんき】❸
名：电饭锅

06. 納期【のうき】❶
名：货品交期，款项的缴纳期限

07. 厳守【げんしゅ】⓿
名／他Ⅲ：严格遵守

08. 精励【せいれい】⓿
名／自Ⅲ：勤奋

09. 将来性【しょうらいせい】⓿
名：有希望，有前途

10. 沈む【しずむ】⓿
自Ⅰ：沉没，沉沦

11. 夕日【ゆうひ】⓿
名：夕阳

12. 浜辺【はまべ】❸
名：海滨

13. 自転車【じでんしゃ】❷
名：自行车

14. 手続き【てつづき】❷
名：手续

15. 済ませる【すませる】❸
他Ⅱ：弄完，偿清

16. ロビー ❶
名：大厅，走廊

17. 先払い【さきばらい】❸
名／他Ⅲ：预先付款；收件人付款

18. カタログ ⓿
名：目录

19. 税込み【ぜいこみ】⓿
名：含税

感谢提供样品

E-mail本文

To　"楊右行" yang01@hotmail.com

Cc　　　　Bcc

Subject　サンプルをお送り頂きありがとうございます。

楊　様

いつも格別のご協力をいただき、ありがとうございます。日本商事の浜田です。

早速ですが、先日お願いしました**サンプル**[01]は今日、無事に到着し、確かに**受け取りました**[02]。いつも迅速で丁寧なご対応[1]を頂き、誠にありがとうございます。これからは頂いたサンプルを試作機に取り付け[2][03]、**稼動**[04]**状況**[05]を確認します。**検証**[06]には約1週間かかりますので、少し検討の**余裕**[07]を頂けませんでしょうか。結果が分かり次第ご連絡致しますので、よろしくお願いします。

また、弊社が提供した動作基準を**クリア**[08]できれば、今後はこの新型のICに**切り替えよう**[09]と考えております。その節、何卒よろしくお願い申し上げます。

それでは、取り急ぎご連絡かたがたお礼を申し上げます。

浜田浩二

****

株式会社日本商事
海外事業本部電子部品課　浜田浩二
E-mail：kouji-hamata@japan.co.jp　TEL：○○○○-○○○　（内線）○○○
FAX：○○○○-○○○　〒○○○-○○○
日本国東京都○○区○○町○○丁目○○－○○

翻译

杨先生：

平时承蒙您支持，谢谢您。我是日本商业的滨田。

不好意思，日前拜托您的样品今天已经平安送达，确实收到了。您总是及时给予我们帮助，真的是很感谢您。接下来就会将您所提供的样品组装到试作机上，然后确认其运转的状况。验证时间大约需要1周，请给我点研究的时间。知道结果之后会马上跟您联系。请多包涵。

还有，如果达到我方提出的运作标准的话，我们考虑今后将会改用这种新型的IC。届时，还要多多仰赖您。

不多说了，再次向您致谢。

滨田浩二

重点句解说

1. 迅速で丁寧なご対応

一般来讲，描述需要尊敬的人的动作时，习惯上会将其动作变成敬语的形态。但是实际遇到却会如上述的句子那般，虽然描述的都是对方的动作，却没有在每个动作上加上“お/ご”使其变成敬语，而是在最后一个动作上才加上“お/ご”，作为总结的敬语。当然，“ご迅速でご丁寧なご対応”在语法上是正确的，但过于繁琐，因而实际多用文中使用的方式来表示敬意。

其他常见例有：

親切で丁寧なお言葉[10] 亲切有礼貌的话语

立派な[11]**ご子息**[12]**様** 杰出的公子（千金）

2. 取り付け

“取り”除了是“取る”的“ます”形以外，也是一种接头语，接在动词前面以加强后接动词的语气。除了文中的“取り付ける”外，还有：

取り込む[13] 忙乱，装进　　**取り壊す**[14] 破坏

取り掛かる[15] 着手，开始　**取り組む** 致力于

可能会遇到的句子

1. 追加(ついか)[16]のサンプルは本日(ほんじつ)発送(はっそう)いたします。追加的样品于今天内寄送。

2. サンプルとカタログで書(か)いた様式(ようしき)[17]は違(ちが)います[18]。样品和目录上写的样式不同。

3. 今回(こんかい)のサンプルは無料(むりょう)[19]で差(さ)し上(あ)げます。这次的样品免费赠送给您。

必背关键单词

01. **サンプル** ❶
名：样品

02. **受け取る【うけとる】** ⓿
他Ⅰ：领受，收，接受

03. **取り付ける【とりつける】** ❹
他Ⅱ：安装，说服

04. **稼動【かどう】** ⓿
名/自他Ⅲ：劳动，开动，运转

05. **状況【じょうきょう】** ⓿
名：情况，状况

06. **検証【けんしょう】** ⓿
名/他Ⅲ：验证

07. **余裕【よゆう】** ⓿
名：剩余，充裕，从容

08. **クリア** ❷
ナ/他Ⅲ：鲜明；通过

09. **切り替える【きりかえる】** ⓿
他Ⅱ：改换，转换，兑换

10. **言葉【ことば】** ❸
名：语言，言词，说法

11. **立派【りっぱ】** ⓿
ナ：伟大，壮观，崇高，出色

12. **子息【しそく】** ❷
名：子女

13. **取り込む【とりこむ】** ⓿
自Ⅰ：忙乱，装进

14. **取り壊す【とりこわす】** ❹
他Ⅰ：破坏

15. **取り掛かる【とりかかる】** ❹
自Ⅰ：着手，开始

16. **追加【ついか】** ⓿
名/他Ⅲ：追加，添加

17. **様式【ようしき】** ⓿
名：样式，格式

18. **違う【ちがう】** ⓿
自Ⅰ：不同，错误，差异

19. **無料【むりょう】** ⓿
名：免费

05 感谢馈赠

E-mail本文

To "佐藤 瞳 "satou_hitomi120@yahoo.co.jp

Cc

Bcc

Subject プレゼントを頂き、ありがとうございます。

佐藤さん

霜気の候、**如何**[01]お**過ごしで**[02]しょうか。王です。

この度は**素敵**[03]な**クリスマス**[04]**プレゼント**[05]を頂き、本当にありがとうございます。今日の午前中、無事に届きました。
日本の温泉が**恋しい**[06]私に**わざわざ**[07]温泉**入浴剤**[08]を送ってくれた佐藤さんに感謝の気持ちが胸にいっぱいです。プレゼントを開けて見たとき、**感動のあまり**[1]、**凍りついた**[09]ように**暫く**[10]玄関で立っていました。

私の方は元気でやっていますからご安心ください。最近は確かに**物凄く**[11]寒いですが、日本の温泉に入ったら**寒気なんか平気です**[2]。明日は**大晦日**[12]です。佐藤さんも**ゆっくり**[13]休んで、この一年の**疲れ**[14]を**癒して**[15]ください。

まずは、書中をもちまして、プレゼントの到着のご報告かたがたお礼を申し上げます。
王容淳

****

王容淳

E-mail: wang01@hotmail.com　TEL: ○○○○-○○○○

携帯: ○○○-○○○-○○○-○○　〒○○○-○○○

中国北京市○○路○○号○○階

翻译

佐藤小姐：

寒霜之际，您好吗？我是王（容淳）。

今天早上收到了您精美的圣诞礼物，真的谢谢您。

对于您特地寄温泉泡汤包给我这个很怀念日本温泉的人，心中充满了感谢。打开礼物的时候，还因为太过感动而在愣在门口了呢。

我过得很好，请别担心。最近确实是非常地冷，但是只要泡一下日本的温泉，再冷都不怕了。

明天就是除夕了，您也请好好休息，消除这一年来的疲劳。

写邮件跟您说一声礼物已收到，感谢你的礼物。

王容淳

日文E-mail
语法重点解析

重点句解说

1. 感動のあまり

当“あまり”不当副词放在动词或者形容词前面修饰，而是以名词的形态接在动词或者名词后面时，则可以表现出该动词或名词的状态、程度非常极端，而导致后面的状况发生。例如：

興奮のあまり、思わず[16]大声を出してしまった。由于太过于兴奋，不禁大叫出来。

彼女のことを思うあまりにストーカ[17]まで成り下がった[18]。由于太过于喜欢她而沦为跟踪狂。

2. 寒気なんか平気です

副助词“なんか”接在名词后面，相当于“など”的用法，表示例举，并有视其微不足道，或不以为意的语意。例如：

ビールなんか酔わない[19]。啤酒才不会醉呢。

ゴーヤ[20]さえ食べられるなら、野菜なんか全然 食べらるんじゃない。

要是连苦瓜都能吃了，蔬菜类的就都可以吃了。

可能会遇到的句子

1. この度は貴社から結構なお品をご恵贈くださいましてありがとうございます。**这次承蒙贵公司惠赠精美礼品，谢谢您。**
2. 大事[21]に使わせて頂きます。**我会小心使用的。**

3. 細やか[22]でございますが、感謝の気持ち[23]を込め、心ばかりの品をお届け申し上げます。虽然微不足道，但请收下这充满感谢之意的一点心意。

4. 温かいお心遣い[24]に感謝しております。谢谢您温暖的关怀。

必背关键单词

01. 如何【いかが】❷
副：如何，怎样

02. 過ごす【すごす】❷
他Ⅰ：过（日子，生活）

03. 素敵【すてき】⓪
ナ：极好，绝妙

04. クリスマス ❸
名：圣诞节

05. プレゼント ❷
名：礼物，赠品

06. 恋しい【こいしい】❸
イ：思慕的，思念的

07. わざわざ ❶
副：特地，特意

08. 入浴剤【にゅうよくざい】❹
名：沐浴时加入浴池的东西

09. 凍りつく【こおりつく】❹
自Ⅰ：冻结

10. 暫く【しばらく】❷
副：暂时，不久

11. 物凄い【ものすごい】❹
イ：剧烈，猛烈

12. 大晦日【おおみそか】❸
名：除夕

13. ゆっくり ❸
副／自Ⅲ：慢慢地，安稳地

14. 疲れ【つかれ】❸
名：疲劳，疲倦

15. 癒す【いやす】❷
他Ⅰ：治疗，医治

16. 思わず【おもわず】❷
副：禁不住，意想不到

17. ストーカー ⓪
名：跟踪狂

18. 成り下がる【なりさがる】❹
自Ⅰ：沦落，没落

19. 酔う【よう】❶
自Ⅰ：酒醉，晕（船，车）

20. ゴーヤ ⓪
名：苦瓜

21. 大事【だいじ】❸
名／ナ：大事，大事业；
重要，贵重，珍惜

22. 細やか【ささやか】❷
ナ：小，微薄，简单

23. 気持ち【きもち】⓪
名：感受，心情，精神状态

24. 心遣い【こころづかい】❹
名／自Ⅲ：关怀，操心

06 感谢出席婚礼

E-mail本文

To: "小林 武"takeshi-kobayasi@japan.co.jp

Cc:

Bcc:

Subject: 結婚式にお越し頂き、ありがとうございます

小林　様

コスモス[01]が風に**揺れ**[02]、朝夕は**凌ぎやすく**[1.03]なって**参りました**[04]。

この度の私どもの結婚に際しましては、ご多忙中にも関わらず、会場まで足をお**運び**[05]いただきまして、本当にありがとうございます。その後、お陰様で無事に**新居**[06]に**引き移りました**[07]。新居は下記に**構えました**[08]ので、ご報告申し上げます。**慣れない**[09]新生活に**戸惑う**[10]ことばかりですが、**互いに**[11]**支え合い**[12]ながら、新たなる一方を**踏み出そう**[13]と決意しております。

二人は**不束者**[14]**にして未熟**[15.2]ですが、今後ともご指導、ご鞭撻のほど、よろしくお願い申し上げます。

とりあえずメールにてお礼申し上げます。

〒○○○-○○○
北京市○○路○○号○○階

TEL：○○○○-○○○○

黄貫方·楊雅嵐

****

黄貫方

E-mail：skirichard@hotmail.com

TEL：○○○○-○○○○　〒○○○-○○○
中国北京市○○路○○号○○階

翻译

小林先生：

大波斯菊迎风微摇，早晚天气都变得比较舒服了。

我们结婚时，您在百忙之中仍抽空莅临，真的非常感谢。

在那之后，托您的福，顺利搬迁到新家了。新家位于下列地址，跟您知会一声。虽然面对不熟悉的新生活总是手忙脚乱的，但我们一定会彼此互相扶持，一同踏出新的一步。

我们两个人还很驽钝且不成熟，今后仍请您多多给予指导、鞭策。

先以此邮件向您致上感谢之意。

邮编：○○○-○○○○

北京市○○路○○号○○楼

电话：○○○○-○○○○

黄贯方・杨雅岚

重点句解说

1. 凌（しの）ぎやすく

动词以“ます”形接上“やすい”可用来表示该动作容易实行、实现。文中“凌（しの）ぐ”原为“撑过、熬过”之意，搭配前文的季节招呼语“コスモスが風（かぜ）に揺（ゆ）れ”，可知是在9月初秋时节写的邮件，早晚都不再像盛夏那般炎热，属于较为舒适的时节，因此使用“凌（しの）ぎやすい”来表示舒适的情境。而后面因为还要接上变化的用法，因此将“凌（しの）ぎやすい”变化成“凌（しの）ぎやすく”。其他类似用法例如：

耐（た）え[16]やすい 容易忍耐的　**書（か）きやすい** 好写的　**やり取（と）りしやすい** 往来方便

2. 不束者（ふつつかもの）にして未熟（みじゅく）

“…にして…”是用来表示前后两个状况同时存在的用法。像文中就是谦虚地表示两个人“既驽钝又不成熟”。属于文章用语。其他例如：

彼（かれ）は野球（やきゅう）選手（せんしゅ）にして柔道（じゅうどう）の達人（たつじん）[17]でもある。他是棒球选手也是柔道高手。

めがね[18]にしてサングラス[19]としても使（つか）えます。可以当眼镜也可以当太阳眼镜使用。

日文E-mail
高频率
使用例句

可能会遇到的句子

1. 近くにお越しの際は是非お立ち寄り[20]ください。有机会到附近的话请务必光临。
2. 二人はまだ至らぬところがございますが、今後とも宜しくお願い申し上げます。两人尚有不周之处，今后还请多多关照。
3. 先日式場での写真が仕上がり[21]ましたので、ご覧に入れ[22]たくお送り致しました。日前在宴会中拍的照片已经洗好了，想让您过目所以寄给您。
4. どうかお幸せに[23]（なってください）。祝您幸福。

必背关键单词

01. コスモス ❶
名：大波斯菊

02. 揺れる【ゆれる】 ⓪
自II：摇晃，不稳定

03. 凌ぐ【しのぐ】 ❷
他I：熬过，撑过

04. 参る【まいる】 ❶
自I：去，来的敬语

05. 運ぶ【はこぶ】 ⓪
他I：搬运，运送，移步

06. 新居【しんきょ】 ❶
名：新家，新宅

07. 引き移る【ひきうつる】 ❹
自I：迁移，搬迁

08. 構える【かまえる】 ❸
自他II：修建，准备好，摆好姿势，自立门户

09. 慣れる【なれる】 ❷
自II：习惯

10. 戸惑う【とまどう】 ❸
自I：迷惑，困惑

11. 互いに【たがいに】 ⓪
副：互相，双方，彼此

12. 支え合う【ささえあう】 ❺
自I：互相支持

13. 踏み出す【ふみだす】 ❸
自他I：踏出，迈出

14. 不束者【ふつつかもの】 ❷
名：驽钝，不周到

15. 未熟【みじゅく】 ⓪
名/ナ：不成熟，不熟练

16. 耐える【たえる】 ❷
自II：忍耐，克制，承担

17. 達人【たつじん】 ⓪
名：高手，达人

18. めがね ❶
名：眼镜

19. サングラス ❸
名：太阳眼镜

20. 立ち寄る【たちよる】 ⓪
自I：靠近，走近

21. 仕上がり【しあがり】 ⓪
名：完成，最后修饰

22. ご覧に入れる【ごらんにいれる】 ❺
惯：看的敬语

23. 幸せ【しあわせ】 ⓪
名/ナ：幸福

07 感谢协助问卷调查

E-mail本文

To "田中美帆"tanaka_miho@japan.co.jp

Cc

Bcc

Subject アンケート調査のご協力、ありがとうございました

田中　様

この間大変お世話になりました。北京大学経済学部の曹峻純です。

さて、本日アンケートは無事に届きましたのでご報告致します。この度は、お忙しい中、修士論文のアンケート調査にご協力頂き、誠にありがとうございました。

お陰様で、貴重な**データ**[01]を**収集することができました**[1]。これからは、データ**分析**[02]に入りますが、御社のデータも含め、大事に使わせていただきます。まだまだ**勉強不足**[03]ですが、**少しでも**[04]社会に**貢献**[05]できる論文を**書き上げれば**[06]と存じます。分析結果はまた**後日**[07]メールで送らせていただきます。**ご参考になれると幸いです**[2]。

改めて御社に伺ってお礼申し上げるべきですが、取り急ぎ、書中をもちまして、ファイルを拝受致しましたこととお礼を申し上げます。

曹峻純

****

北京大学経済学部企業管理専攻

曹峻純

E-mail：cao_01@hotmail.com　TEL：○○○○-○○○○

携帯：○○○-○○○-○○○-○○　〒○○○-○○○

中国北京市○○路○○号○○階

翻译

田中小姐：

一直以来承蒙您照顾。我是北京大学经济学院的曹峻纯。

问卷已于今日顺利收到。这次承蒙您在百忙之中协助我硕士论文的问卷调查，非常感谢您。

托您的福，收集到了珍贵的数据。接下来将要进入资料分析，连同贵公司的数据，我会审慎使用的。

虽然学识浅薄，但是也希望能写出对社会有些许贡献的论文。另外，分析结果日后会再用电子邮件发给您。希望能对您有所参考。

本应另行拜访贵公司答谢，先以书面形式跟您报告收到数据并致谢。

曹峻纯

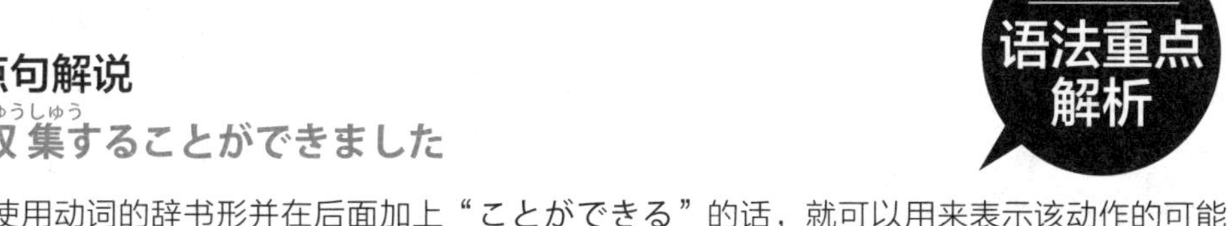

重点句解说

1. 收集(しゅうしゅう)することができました

使用动词的辞书形并在后面加上“ことができる”的话，就可以用来表示该动作的可能形。此种用法与动词的可能形，例如“食(た)べられる”“見(み)られる”在意义上并没有区别，只是“…ことができる”会比动词的可能形更为正式，在写文章时也稍微比可能形更常用一点点。另外，“サ”行动词也可用“…ができる”或“…できる”来表示，例如：

撮影(さつえい)する、撮影(さつえい)ができる、撮影(さつえい)できる 摄影，可以摄影，可以摄影

運転(うんてん)する、運転(うんてん)ができる、運転(うんてん)できる 驾驶，可以／会驾驶，可以／会驾驶

收集(しゅうしゅう)する、收集(しゅうしゅう)ができる、收集(しゅうしゅう)できる 收集，可以收集，可以收集

2. ご参考(さんこう)になれると幸(さいわ)いです

表示假定的用法有“たら”，“ば”，“と”等，但是在这边因为不确定是否会对对方有用，因此使用可表示不确定（或前后非必然关系）的“と”会比较恰当。

合格(ごうかく)できるといいです。要是能合格就好了。

明日(あした)晴(は)れる[08]といいです。明天要是能放晴就好了。

可能会遇到的句子

1. 今回の調査はあなたの力なしではとてもできません。

   这次的调查不凭借你之力实在是不可能完成。

2. 貴社は従来、社会貢献活動の支援に力を注いで[09]いらっしゃるため、是非 調査対象になっていただきたいです。

   贵公司一直都对社会公益活动给予大力的支持，因此请务必当我的调查对象。

3. このアンケート調査は選択式[10]で行われます。

   这份问卷调查是采用选择题的方式进行的。

4. この調査を通して[11]、現在の就職現状を把握することができる。

   通过这次调查，可以掌握现在的就业市场的现状。

必背关键单词

01. データ ❶
名：资料，数据

02. 分析【ぶんせき】⓪
名／他Ⅲ：分析

03. 勉強不足【べんきょうぶそく】❺
惯：经验不足，知识不够

04. 少しでも【すこしでも】❷
惯：即便少许

05. 貢献【こうけん】⓪
名／自Ⅲ：贡献

06. 書き上げる【かきあげる】⓪
他Ⅱ：写完，列入

07. 後日【ごじつ】❶
名：日后，改天

08. 晴れる【はれる】❷
自Ⅱ：放晴

09. 注ぐ【そそぐ】⓪
他Ⅰ／自Ⅰ：流入，灌注；（雨水）流入，降下

10. 選択式【せんたくしき】❹
名：选择题方式

11. 通して【とおして】❶
惯：经由，通过

了解关键词之后，也要知道怎么写，试着写在下面的格子里。

08 感谢招待参观

E-mail本文

To "黄心佳" huang01@hotmail.com

Cc

Bcc

Subject 工場見学のご案内、ありがとうございました。

黄さん

こんにちは、鈴木です。先日は大変お世話になりました。

この間北京へ出張しましたとき、いろいろとご案内頂き、ありがとうございました。お陰様で充実で**有意義**[01]な訪問ができました。

また、今回は見学する**ことをとおして**[1]、大変勉強になりました。これを**きっかけに**[2]、弊社もこれから**工場**[02]の**体制**[03]を**見直す**[04]と検討して参りたいと存じます。**機会**[05]があれば、黄さんを日本に招待したいと存じます。

最後となりますが、貴社のますますご発展と黄さんのご健康お祈り申し上げます。

鈴木賢治

****

株式会社日本商事

営業部 鈴木賢治

E-mail：suzuki-kenji@japan.co.jp TEL：○○○○-○○○○ （内線）○○○

FAX：○○○○-○○○○ 〒○○○-○○○

日本国東京都○○区○○町○○丁目○○－○○

翻译

黄小姐：

您好，我是铃木，之前受您诸多照顾。

前几天到北京出差的时候，劳您一直为我们解说，谢谢您。多亏了您，使得此次访问颇具意义。

另外，通过这次参观我们学到了很多。以此作为契机，敝公司接下来也会研讨如何完善工厂的体制。如果有机会的话也想请您来日本参观。

最后祝福贵公司日益昌隆，并敬祝您身体健康。

铃木贤治

日文E-mail
语法重点解析

重点句解说

1. ことをとおして

表示借由某种事情（或动作）来完成、获得某结果。如果是名词则会省略“こと”直接接续，例如：

山田さんをとおして、今の彼女[06]を紹介してもらった。
通过山田小姐，我才认识了我现在的女朋友。

展示会をとおして、業界の動きを把握[07]する。通过展示会来掌握业界的动态。

2. きっかけに

“きっかけ”是“契机，机会”的意思，常用来说明某些事情开始、发生的契机，除了“きっかけに”以外，还有“きっかけにして”、“きっかけとして”等讲法，例如：

去年入院[08]したことをきっかけにして、食生活[09]を改善し始めました。
把去年住院当作一个契机，开始改善饮食习惯。

今回の台風[10]による災害をきっかけとして、政府が真剣[11]に防災対策[12]を練り始めた。
以这次的台风灾害为契机，政府开始认真地思考防灾对策了。

可能会遇到的句子

1. お忙しい中、時間を作ってくださって、誠にありがとうございました。

   百忙之中还为我抽出时间，真的是太感谢您了。

2. 日本に滞在[13]しました間はいろいろとお世話になりました。

   待在日本的期间受到您非常多的照顾。

3. ご都合[14]がよろしい時期を教えていただければ、それに合わせてスケジュール[15]を調節します。如果您能告知您比较方便的时间，我们将会配合您去调整行程。

4. 台湾にいらっしゃることがあれば、是非お声をおかけください。

   如果到台湾地区来的话，请务必告诉我。

必背关键单词

01. 有意義【ゆういぎ】❸
名 / ナ：有意义，有价值

02. 工場【こうじょう】❸
名：工厂

03. 体制【たいせい】⓿
名：体制，制度，结构

04. 見直す【みなおす】⓿
他 I：重新评估，重新认识

05. 機会【きかい】❷
名：机会

06. 彼女【かのじょ】❶
代 / 名：她；女朋友

07. 把握【はあく】⓿
名：掌握，充分了解

08. 入院【にゅういん】⓿
名 / 自III：住院

09. 食生活【しょくせいかつ】❸
名：饮食习惯

10. 台風【たいふう】❸
名：台风

11. 真剣【しんけん】⓿
名 / ナ：真刀真枪；严肃，认真

12. 防災対策【ぼうさいたいさく】❺
名：防灾对策

13. 滞在【たいざい】⓿
名 / 自III：逗留，旅居

14. 都合【つごう】⓿
名：方便合适（与否），准备，安排

15. スケジュール ❸
名：行程表，时间表，预定

09 感谢慰问

E-mail本文

To "中村友香"nakamura_tomoka@japan.co.jp

Cc

Bcc

Subject お**見舞い**[01]お礼

中村さん

いつもお世話になっております。林です。

さて、先日はご丁寧なお見舞いの**カード**[02]と素敵なお花をくださいまして、心より感謝しております。カードの中での暖かいお言葉のお陰で、勇気が**湧いて**[03]きました。

皆様にお**騒がせしまして**[04]大変失礼致しました。今回の交通事故は**自分の油断**[05]**がせいで**[1]、これからは気をつけるよう**心がけます**[06]。

お陰様で**傷**[07]**が浅い**[08]ため、来週の水曜日には**復帰**[09]の**見込み**[10]でございますが、皆様のご**温情**[11]に**甘えて**[12]、今しばらく傷を治すのに**専念**[13]させていただきます。
今後は皆様にご迷惑やご**心配**[14]をお掛けしないように致す所存でございます。
それでは、取り急ぎお礼まで失礼致します。

林書映

****

株式会社弘揚商事
営業部 林書映

E-mail：lin05@hotmail.com　TEL：○○○○-○○○○　（内線）○○○

FAX：○○○○-○○○○　〒○○○-○○○

中国北京市○○路○○号○○階

翻译

中村小姐：

平时承蒙您照顾了。我是林（书映）。

日前收到您贴心的慰问卡片及美丽的花束，我打从心里感谢您。卡片里面温暖的慰问话语，让我勇气倍增。

惊动大家真的很对不住。这次的交通事故是由于自己大意，今后会提高警惕，多加小心。

托您的福，伤不重，预计下周三就可以回公司上班了。

不过我就顺大家的美意，暂时在这里专心养伤。

今后我会小心不会再为各位添麻烦和使各位担心的。

那就暂时先以此信表达谢意。

林书映

日文E-mail
语法重点解析

重点句解说

1. 自分の油断がせいで

“せい”用来表示不好的事件的发生原因或者责任，大部分情况下都可以和“ので”或“ため”等互换，例如：

彼が数字を間違えた[15]せいで/ので / ため、会社は100万の損失[16]を被った[17]。

就因为他把数字弄错了，所以公司损失了一百万。

不过使用“せい”带有责备的语气，需要注意场合。而本文里面使用“自分の油断がせいで”（由于自己大意）来表示自责。并且，这种“…がせいで”的用法没有办法像上面句子一样，和助词“ので”替换，而只能和“ため”这种形式名词替换，例如：

彼がインサイダー取引[18]を行ったせいで / ため、これからは全面的な調査が皆を待っている。

因为他进行了内幕交易，因此全面性的调查正在等着大家。

可能会遇到的句子

1. **この度の震災に際しましては、早速ご丁重なお見舞いを賜り、厚くお礼を申し上げます。正当震灾之际，受您慰问探访，在此致上深深的谢意。**

2. 火事(かじ)が発生(はっせい)した時(とき)、すぐに消防署(しょうぼうしょ)[19]に通報(つうほう)しました[20]から、被害(ひがい)[21]を最小限(さいしょうげん)[22]に抑(おさ)える[23]ことができました。

发生火灾后就马上通知了消防队，因此得以将损失减至最小。

3. 来週(らいしゅう)から工場(こうじょう)は元通(もとどお)り[24]生産(せいさん)を始(はじ)める見込(みこ)みでございます。

预计下周开始工厂就能恢复原状开始生产了。

必背关键单词

01. 見舞い【みまい】⓪
名：探望，问候，慰问

02. カード ❶
名：卡片，卡

03. 湧く【わく】⓪
自Ⅰ：涌出，涌现

04. 騒がせる【さわがせる】❹
他Ⅱ：骚动

05. 油断【ゆだん】⓪
名：疏忽大意，缺乏警戒

06. 心がける【こころがける】❺
他Ⅱ：谨记在心，时时刻刻不忘记

07. 傷【きず】⓪
名：伤口，创伤

08. 浅い【あさい】⓪
イ：浅，淡，浅薄

09. 復帰【ふっき】⓪
名/自Ⅲ：重返，恢复

10. 見込み【みこみ】⓪
名：希望，预料，估计

11. 温情【おんじょう】⓪
名：温情

12. 甘える【あまえる】⓪
自Ⅱ：撒娇，趁……

13. 専念【せんねん】⓪
名/自他Ⅲ：一心一意，专心于……

14. 心配【しんぱい】⓪
名/ナ/自他Ⅲ：担心，不安，操心

15. 間違える【まちがえる】❹
他Ⅱ：弄错，搞错

16. 損失【そんしつ】⓪
名/自Ⅲ：损害，损失

17. 被る【こうむる】❸
他Ⅰ：戴，蒙受，遭受

18. インサイダー取引【インサイダーとりひき】❼
名：内幕交易

19. 消防署【しょうぼうしょ】❸
名：消防队，消防署

20. 通報【つうほう】⓪
名/他Ⅲ：通报，通知

21. 被害【ひがい】❶
名：受害，损害，损失

22. 最小限【さいしょうげん】❸
名：最小或最低限度

23. 抑える【おさえる】❸
他Ⅱ：压住，按住，阻止

24. 元通り【もととおり】❸
名：原来的样子

10 感谢介绍客户

E-mail本文

To "高橋健太"takahashi_kenta@japan.co.jp

Cc　　Bcc

Subject 取引先をご紹介頂き、ありがとうございます。

高橋　様

いつもお引き立ていただき誠にありがとうございます。林です。

さて、この間日本IC設計株式会社様をご紹介頂き、誠にありがとうございます。社長**ともども**[01]大変に感謝している次第でございます。早速**アポイント**[02]をとり、営業部長の佐藤光様にお**訪ねしました**[03]**ところ**[1]、**話**[04]が**順調**[05]に**進み**[06]、今後両社の**連携**[07]との話までさせていただきました。これは**ほかならぬ**[2]高橋様からのご紹介があるからでございます。

現在は連携の詳細について社内検討しております。ご紹介頂きましたご厚情にお**応え**[08]できるよう**最善**[09]を尽くしたい所存です。

取り急ぎ、お礼とご報告を申し上げます。

林嘉劭

****

株式会社弘揚商事

営業部　林嘉劭

E-mail：lin05@hotmail.com　TEL：○○○○-○○○○　（内線）○○○

FAX：○○○○-○○○○　〒○○○-○○○

中国北京市○○路○○号○○階

翻译

高桥先生：

平日承蒙您提拔，谢谢您。我是林（嘉劭）。

前一阵子得您介绍日本IC设计股份公司，真的非常感谢您。总经理也是非常感谢。我当下就与营业部部长佐藤光先生预约了拜访时间，并且拜访过他了，而且事情谈得很顺利，已经谈到双方今后合作的事了。这都是拜高桥先生介绍所赐。

现在正针对合作的细节事宜进行公司内部讨论，为了报答您深厚的恩情，我会尽力做到最好。

先在此跟您致谢并做一个报告。

林嘉劭

重点句解说

1.ところ

这里的“ところ”为顺接用法，用于表示“ところ”的前后两者有非必然性的关系。也就是说，放在“ところ”前面的句子并不是必定会产生“ところ”后面所接的情况或动作，意思类似“たら”。

先電話で確認したところ、レストラン[10]の予約は全部入っています[11]。

刚才打电话确认了，餐厅的预约全都满了。

先社長室に行ったところ、社長がいらっしゃいませんでした。

刚才去总经理办公室，人不在。

2.ほかならぬ

“ほかならぬ”后面加上名词可用来表达“没有别的，正是这个，正因为这个……”的意思，也有“ほかならない”这种表现方法，但是多以“ほかならぬ”表现。

ほかなら好吉田さんの頼み[12]ですから、勿論全力尽くします。

正是因为是吉田先生的请求，当然会全力以赴。

開発中の技術[13]を他社[14]に売ったのは、ほかならぬ開発者[18]本人だ。

把开发中的技术卖给其他公司的，不是别人正是开发者本人。

可能会遇到的句子

1. お陰様で、今後社業の一層[16]拡大が期待できます。

   多亏您，今后公司业务可望更进一步拓展。

2. 大切なお客様をご紹介していただきましたご厚情を心より感謝しております。

   您把重要的客户介绍给我的这份恩情，我打从心里感谢。

3. お陰様でソフトウェア[17]業界にチャンネル[18]が通じまして、業務が大幅拡大できます。多亏您得以打通软件行业的通道，业务也得以大幅度地扩大。

必背关键单词

01. ともども ❷
副：共同，一同

02. アポイント ❷
名：预约，约会，指定

03. 訪ねる【たずねる】❸
他II：访问

04. 話【はなし】❸
名：谈话，谈话的内容，商量

05. 順調【じゅんちょう】⓿
名/ナ：顺利，良好

06. 進む【すすむ】⓿
自I：前进，进展

07. 連携【れんけい】⓿
名/自III：联合，合作

08. 応える【こたえる】❸
自II：回报，反应

09. 最善【さいぜん】⓿
名：最完善，最好，全力

10. レストラン ❶
名：餐厅

11. 入る【はいる】❶
自I：进入，闯入，参加

12. 頼み【たのみ】❸
名：请求，恳求

13. 技術【ぎじゅつ】❶
名：技术，工艺

14. 他社【たしゃ】❶
名：其他公司

15. 開発者【かいはつしゃ】❹
名：开发者

16. 一層【いっそう】⓿
副/名：更，越；一层，第一层

17. ソフトウェア ❹
名：软件

18. チャンネル ⓿
名：通道，频道

感谢邀请参加宴会

E-mail本文

To: "小林武"takeshi-kobayasi@japan.co.jp

Cc:

Bcc:

Subject: 創業10周年パーティーにご招待お礼

小林　様

お正月気分も**抜けて**[01]ますます寒さが厳しくなってきました。
皆様にはますますご繁栄のこととお喜び申し上げます。

さて、この度貴社創立10周年パーティーをお**招き**[02]頂きありがとうございました。また、貴社創立10周年とのこと、心よりお祝いを申し上げます。

振り返ると[1,03]、この10年間は**正に**[04]**不況**[05]**の底**[06]、業界の**真冬**[07]でした。この大変**厳しい**[08]状況の中で、会社を成立し、今日の成功まで至るのは、**幾多**[09]の困難辛苦を**乗り越えた**[10]成果だと存じます。今後も不況が続く**と見られる**[2]が、貴社なら、ますますご発展なさることと信じております。
略式[11]ながら書中にてご招待お礼申し上げるとともに、皆様のご健康と一層のご発展を心よりお祈り致します。

李耀輝

****

株式会社弘揚商事
営業部長　李耀輝

E-mail：li01@hotmail.com　TEL：○○○○-○○○○　（内線）○○○

FAX：○○○○-○○○○　〒○○○-○○○

中国北京市○○路○○号○○階

翻译

小林先生:

过年的气氛逐渐淡去，天气也越来越冷了。

敬祝各位身体健康。

感谢您邀请我参加这次贵公司创业10周年的宴会。另外也衷心恭贺贵公司创立10周年。

回首这10年，可说是不景气之极，是业界的寒冬。在这种严苛的大环境下，成立公司并有今日的成功，我想这是克服了无数次困难的成果。外界预测今后不景气仍将持续，但贵公司一定可以持续发展。

借此简单形式感谢您的招待，并衷心祈祷各位身体健康，业务蒸蒸日上。

李耀辉

重点句解说

1. 振り返ると

“と”除了假定时使用以外，也可以像这里一样，放在句子前面作为一个话题的开头，然后后面接着描述一些说话者的想法或见闻。不过和假定用法的“と”不同，此种用法的“と”，大多可以和“たら”“ば”或“なら”替换。

この観点[12]から考える[13]と、確か[14]に向こう[15]と契約を結ばない[16]ほうがいいですね。
从这观点来思考的话，确实不和对方签约会比较好。

この流れ[17]から見ると、次は確実[18]にあの大物[19]のご登場 でしょう。
从这个流程来看，接下来一定是那个大人物要登场了。

2. 見られる

一般来讲，日语里面有所谓的“推卸责任”的倾向。如同本文里面提到关于将来的经济形势走向，这种没人可以准确预测，或者是说一般性的认知的事情，大多会以被动型态来表达，带有“一般认为”的含意，即使这是自己的想法。

この現場を見ると、犯人は窓から侵入 したと思われます。
从这个现场来看，犯人应该是从窗户侵入的。

このウイルス[20]対策ソフトに変えると、ウイルスによる被害は押さえられると思われます。
改用这种防毒软件的话，应该就可以减少黑客入侵的事件发生。

可能会遇到的句子

1. ご招待頂く上、ご丁寧な記念品まで頂戴[21]致し、ご厚情誠にありがたく光栄に存じます。不仅得您招待，还送给我们这么贴心的礼物，您的盛情真的让我感到无比荣幸。

2. 貴社社長の高橋様の卓越した指導力と経営手腕で着々[22]と社業[23]を充実し、拡張なさいました。在贵公司总经理高桥先生卓越的领导才能及经营手腕之下，贵公司一步步地扩展了业务以及公司规模。

必背关键单词

01. 抜ける【ぬける】⓿
自II：脱落，穿过

02. 招く【まねく】❷
他I：招致，招呼，招待，宴请

03. 振り返る【ふりかえる】❸
自I：回顾，回头看

04. 正に【まさに】❶
副：真正，的确，即将，将要

05. 不況【ふきょう】⓿
名：不景气，萧条

06. 底【そこ】⓿
名：最底处，最底下，底部

07. 真冬【まふゆ】⓿
名：隆冬，寒冬

08. 厳しい【きびしい】❸
イ：严格的，严重的，残酷的

09. 幾多【いくた】❶
副：几多，许多，多少

10. 乗り越える【のりこえる】❹
自II：越过，跨过，度过

11. 略式【りゃくしき】⓿
名：简便方式，简略方式

12. 観点【かんてん】❸
名：观点，见地

13. 考える【かんがえる】❹
他II：思维，思索，考虑

14. 確か【たしか】❶
ナ / 副：确实，确切；大概，也许

15. 向こう【むこう】⓿
名：对面，对方

16. 結ぶ【むすぶ】⓿
他I：结合，连结，建立关系

17. 流れ【ながれ】❸
名：河流，水流，倾向，趋势

18. 確実【かくじつ】⓿
名 / ナ：确实，可靠

19. 大物【おおもの】⓿
名：大人物，大的物品

20. ウイルス ❷
名：病毒

21. 頂戴【ちょうだい】❸
名 / 他III：领受，收到（谦虚讲法）

22. 着々【ちゃくちゃく】⓿
副：稳定地，平稳地

23. 社業【しゃぎょう】❶
名：公司的业务

12 感谢招待家庭聚餐

E-mail本文

To	"渡辺健太"watanabe_01@yahoo.co.jp		
Cc		Bcc	
Subject	おもてなしを頂き、ありがとうございます。		

渡辺さん

おはようございます。江です。

昨日は**手厚い**[01]のお**持て成し**[02]を頂き、ありがとうございました。
あまり**快くて**[03]時間の流れを忘れ、遅くまでお邪魔してしまい、ご迷惑をお掛けしましたのではないかと**案じております**[04]。[1]

奥様の**手作り料理**[05]は、常に外食の独身者にとって最大の幸せです。
お子様[06]も**礼儀正しく**[07]、立派に**育て**[08]られています。**とりわけ**[09]、お父さんとしての渡辺さんの**優しい**[10]顔を見て、心を打たれました[2][11]。帰りの道で、私も**一人暮らし**[12]に**別れ**[13]を**告げ**[14]ようと思いはじめました。

また後日改めてお礼をさせて頂きたいですが、取り急ぎお礼を申し上げます。

江智嘉

****

江智嘉

E-mail：eric_jiang@msn.com

携帯：○○○-○○○-○○○-○○

翻译

渡边先生：

早安，我是江（智嘉）。

昨天得您热情的款待，非常谢谢您。

由于太过愉快以致忘记时间，打扰到很晚，很担心是否给您造成了困扰。

夫人亲手做的料理，对于总是在外面吃饭的单身汉来讲是最大的幸福。

您的孩子也彬彬有礼、一表人才。而看到渡边先生为人父的温柔表情，尤其让我内心深受感动。在回家的途中，我也开始想着要跟单身生活告别了。

我想日后再正式回谢您，不过在此先跟您说声谢谢。

江智嘉

日文E-mail
语法重点解析

重点句解说

1. ご迷惑をお掛けしましたのではないかと案じております。

在日语学习过程中，通常只会学到“心配する”（担心）这个词，但是“心配”在日语里是用来表示担心坏事发生，要是像文中那样担心自己的行为会给别人造成困扰，则多用另外一个词汇，“案じる”。此外，“案じる”也常用于担心某人是否平安，或思考有无方案。例如：

彼は留学に行ってもずっと国内に居る母の健康を案じている。

他去留学也一直担心人在国内的母亲的健康。

この二、三日、設計 部長 はずっと不良　品の解決 策を案じているようです。

这两三天，设计部长好像一直在思考瑕疵的解决方案。

2. 心を打たれました

“心を打たれる”为惯用表达，表示“内心深受感动”。虽然一般使用被动形态时，会使用“が”来作为被动的对象，但是由于“打たれる”在日语里已是“对事物强烈感受”的惯用说法，因此需小心留意。除了“心を打たれる”还有“**胸を打たれる**[15]”可以表示相同的含意。

昨日映 画を見に行きました。あれは心を打たれるストーリー[16]だった。

昨天去看电影了，那真是个令人感动的故事。

蘇選手のテコンドー[17]の試合を見て、胸を強く打たれた。

看了选手苏的跆拳道比赛，内心深受感动。

可能会遇到的句子

日文E-mail 高频率使用例句

1. ご家族にも宜しくとお伝えください。也请代我向您家人问好。
2. 機会がございましたら、是非お返し[18]をさせていただきたいと存じます。
   如果有机会的话请务必让我回礼。
3. 久しぶり[19]に皆とお会いして、昔話[20]に花が咲き、楽しい一時を過ごすことができました。和许久不见的朋友见面，然后一起追忆往昔，度过了愉快的时光。

必背关键单词

01. 手厚い【てあつい】⓿
イ：殷勤，热诚，丰厚

02. 持て成し【もてなし】⓿
名：款待，接待，请客

03. 快い【こころよい】❹
イ：高兴，愉快

04. 案じる【あんじる】⓿
他II：挂念，担心，想

05. 手作り料理【てづくりりょうり】❺
名：亲手做的菜肴

06. お子様【おこさま】⓿
名：（别人的小孩）公子，千金

07. 礼儀正しい【れいぎただしい】
ナ：有礼貌，进退得宜

08. 育てる【そだてる】❸
他II：培养，培育，扶养

09. 取り分け【とりわけ】⓿
名 / 副：平手；（作副词时通常不用汉字）特别，格外

10. 優しい【やさしい】⓿
イ：温柔的，优美的，安详的

11. 心が打たれる【こころがうたれる】❺
惯：深受感动

12. 一人暮らし【ひとりぐらし】❹
名：单身生活，独居

13. 別れ【わかれ】❸
名：分别，别离，分手

14. 告げる【つげる】⓿
他II：告诉，宣告

15. 胸を打たれる【むねをうたれる】❹
惯：深受感动

16. ストーリー ❷
名：故事

17. テコンドー ❷
名：跆拳道

18. 返し【かえし】❸
名：还礼，回礼，回报

19. 久しぶり【ひさしぶり】⓿
名 / ナ：隔了许久，好久

20. 昔話【むかしばなし】❹
名：过去的事，往事

13 感谢签约合作

E-mail本文

To 佐藤　光satou@japan-ic.co.jp

Cc

Bcc

Subject 契約の締結をご承諾頂き、ありがとうございます。

日本IC設計株式会社
営業部長
井上大輔　様

若葉の候、貴社ますますご**隆昌**[01]のこととお喜び申し上げます。

この度は当社と**新規**[02]契約の**締結**[03]を快くご**承諾**[04]頂きまして、感謝に**絶えません**[05]。これ**を皮切りに**[1]、今後両社の協力関係を**築き上げ**[06]、貴社の力となりますよう、**大いに**[2]努力致す所存でございます。何卒、お引き立て頂きますよう、お願い申し上げます。

また改めてご挨拶に伺いますが、取り急ぎ、略儀にてお礼を申し上げます

林嘉劭

****

株式会社弘揚商事
営業部　林嘉劭

E-mail：lin05@hotmail.com

TEL：○○○○-○○○○　（内線）○○○

FAX：○○○○-○○○○

〒○○○-○○○

中国北京市○○路○○号○○階

翻译

日本IC设计股份公司

营业部长

佐藤光先生:

万物复苏的时节，敬祝贵公司日益昌隆。

这次承蒙贵公司爽快地允诺签订新合约，感激不尽。

以此良好开端，今后将竭尽全力促进彼此的合作关系。

还望多提携。

我会再正式拜访，先以此简单形式致上感谢之意。

林嘉劭

重点句解说

1. …を皮切り(かわき)に

“…を皮切り(かわき)に”是用来表示某事作为一个开始，后面再接后续的发展。而后续多为良好的发展内容。还有“…を皮切り(かわき)にして”，“…を皮切り(かわき)として”等用法，例如:

彼女(かのじょ)は飲食店(いんしょくてん)の成功(せいこう)を皮切り(かわき)にして、フランチャイズチェーン[07]のシステム[08]を導入(どうにゅう)[09]し、一気(いっき)に事業(じぎょう)を拡大(かくだい)しました。

她以餐饮店的成功为始，引入连锁加盟店的经营模式，一口气扩大了事业规模。

京都議定書(きょうとぎていしょ)を皮切り(かわき)として、各国(かっこく)の環境保護意識(かんきょうほごいしき)が高(たか)まって[10]いく。

以京都议定书为开端，各国的环保意识与日俱增。

2. 大(おお)いに

一般来讲，形容非常努力的词汇最先联想到的就是“一生懸命(いっしょうけんめい)”（拼命），不过我们还有另外一种选择，使用“大(おお)いに”（非常，很）加上动词，就可以表示该动作大大超越一般的程度。例如:

彼(かれ)は火事(かじ)[11]現場(げんば)から三人(さんにん)を救出(きゅうしゅつ)し、大(おお)いに活躍(かつやく)しました。

他从火灾现场救出三个人，非常积极。

この機械(きかい)は工場周囲(こうじょうしゅうい)の空気環境(くうきかんきょう)の改善(かいぜん)に、大(おお)いに役立(やくだ)って[12]いる。

这台机器对于工厂周围的空气环境的改善有很大的帮助。

日文E-mail
高频率
使用例句

可能会遇到的句子

1. 貴社(きしゃ)と取引(とりひき)をして以来(いらい)、売(う)り上(あ)げは跳(は)ね上(あ)がる[13]ように成長(せいちょう)しました。

   和贵公司来往之后，营业额呈跳跃性的成长。

2. こちらの提案(ていあん)をお受(う)け入(い)れ[14]頂(いただ)き、ありがとうございます。

   谢谢您接受我们的提案。

3. 貴社(きしゃ)の生産(せいさん)ラインを全力(ぜんりょく)でサポート[15]させていただきます。

   让我们倾力协助贵公司的生产线（建设）。

4. 貴社(きしゃ)の商品(しょうひん)を一日(いちにち)も早(はや)く全国(ぜんこく)に流通(りゅうつう)させる[16]のは弊社(へいしゃ)の主要(しゅよう)な目標(もくひょう)です。

   让贵公司的商品早日遍及全国是敝公司的主要目标。

必背关键单词

01. 隆昌【りゅうしょう】⓿
名：兴隆，繁荣

02. 新規【しんき】❶
名：新办理，新申请

03. 締結【ていけつ】⓿
名 / 他Ⅲ：缔结，签订

04. 承諾【しょうだく】⓿
名 / 他Ⅲ：答应，承诺

05. 絶える【たえる】❷
自Ⅱ：断绝，终止，终了

06. 築き上げる【きずきあげる】❹
自Ⅱ：筑起，累积

07. フランチャイズチェーン ❼
名：连锁加盟店

08. システム ❶
名：系统，组织

09. 導入【どうにゅう】⓿
名 / 他Ⅲ：导入，引进，引入

10. 高まる【たかまる】❸
自Ⅰ：高涨，提高

11. 火事【かじ】❶
名：火灾

12. 役立つ【やくだつ】❸
自Ⅰ：有用，帮上忙

13. 跳ね上がる【はねあがる】❹
自Ⅰ：跳起来，弹起来

14. 受け入れる【うけいれる】⓿
他Ⅱ：接纳，收容，采纳，同意

15. サポート ❷
他Ⅲ：支持，支援

16. 流通【りゅうつう】⓿
名 / 自Ⅲ：流通

14 感谢出席新商品发表会

E-mail本文

To "小林 武"takeshi-kobayasi@japan.co.jp

Cc

Bcc

Subject 新製品発表会にご臨席のお礼

小林　武　様

平素は格別のお引き立てを頂き、ありがとうございます。弘揚商事の李耀輝です。

さて、過日は弊社が開催いたしました新商品発表会にご**臨席**[01]頂き、**心より**[1,02]お礼申し上げます。

お陰様で、来場者から**好評**[03]を賜り、**無事**[04]に**終了**[05]致すことができました。これも**偏に**[06]皆様のご協力の**賜物**[07]と深く感謝している次第でございます。

今後とも皆様のご期待に沿えます**よう**[2]、社員一同全力を挙げて新商品の開発に**精進**[08]致す所存でございますので、何とぞ、**末永く**[09]ご愛顧くださいますようお願い申し上げます。

まずは、**略儀**[10]ながらお礼申し上げます。

李耀輝

****

株式会社弘揚商事

営業部長　李耀輝

E-mail：wesley@hotmail.com　TEL：○○○○-○○○○　（内線）○○○

FAX：○○○○-○○○○　〒○○○-○○○

中国北京市○○路○○号○○階

翻译

小林武先生:

谢谢您平日给予的提拔。

日前承蒙您莅临敝公司举办的新商品发布会，我们从心底感谢您。

托您的福，到场与会者皆给予好评，（发布会）总算是顺利落幕。这都是各位协助的成果，因此非常感谢各位。

今后定不负各位的期待，全体员工齐心为开发新商品做最大的努力。也请继续给予我们爱护。

先以此邮件略表谢意。

李耀辉

日文E-mail
语法重点解析

重点句解说

1. 心より

“心より”看起来像是“心”加上助词“より”，实则不然。“心より”为一完整副词，表示“打从内心，发自心底”的意思，用法同“心から”，只是一个是副词用法，一个是名词加上助词的用法。例如：

心より深くお詫び申し上げます。（＝心から深くお詫び申し上げます。）
打从心底深深地感到抱歉。

心より感心[11]します。（＝心から感心します。）打从心底佩服。

2. …よう…

当助动词“ようだ”用来表示目的、劝告以及愿望时，因为要修饰后面的动词所以会变成“ように”。不过“に”有时候会被省略。例如：

後ろに座っている人にもよく見える[12]よう動き[13]を大きくしていた。
为了让坐后面的人也看得见，把动作加大。

時間になると、速やか[14]に退館するようお願いします。到时间了，请迅速离馆。

来年の入学試験が合格できるよう祈ります。祈求明年的入学考试能够合格。

可能会遇到的句子

1. 今回の発表会の成功によって、来年度の売上げ[15]が期待できるのではないかと思います。由于这次发布会的成功，我想明年的销售额应该是令人期待的。

2. 当日は予想以上の来客で一時混乱してしまいましたが、スタッフ[16]の迅速[17]な対応で、すぐに秩序[18]を取り戻しました。当天由于来客数超出预料而导致一时的混乱，但在工作人员迅速的应对下，马上就恢复秩序了。

3. 営業部の山田さんによると、発表会は大成功で、新商品の問い合わせが殺到[19]しました。听营业部的山田讲，发布会相当成功，咨询新商品的人蜂拥而至。

必背关键单词

01. 臨席【りんせき】⓪
名 / 自Ⅲ：出席

02. 心より【こころより】❸
副：打从心底

03. 好評【こうひょう】⓪
名：好评，称赞

04. 無事【ぶじ】⓪
ナ：平安，健康

05. 終了【しゅうりょう】⓪
名 / 自他Ⅲ：结束，做完

06. 偏に【ひとえに】❷
副：完全，专心，诚心诚意

07. 賜物【たまもの】⓪
名：赏赐，赏赐物品

08. 精進【しょうじん】❶
名 / 自Ⅲ：精进，专心致志

09. 末永く【すえながく】⓪
名：永久，恒常

10. 略儀【りゃくぎ】⓪
名：简略方式

11. 感心【かんしん】⓪
名 / 自Ⅲ：钦佩，佩服，值得赞美

12. 見える【みえる】❸
自Ⅱ：看得见，看到，似乎

13. 動き【うごき】⓪
名：活动，动向，变化

14. 速やか【すみやか】❷
ナ：迅速

15. 売上げ【うりあげ】⓪
名：营业额

16. スタッフ ❷
名：工作人员，职员

17. 迅速【じんそく】⓪
ナ：迅速

18. 秩序【ちつじょ】❷
名：秩序

19. 殺到【さっとう】⓪
名 / 自Ⅲ：纷纷到来，蜂拥而至

邀请参加新年聚会

E-mail本文

To "営業部"sale@hotmail.com

Cc

Bcc

Subject 営業部新年会のご案内

皆様

あけましておめでとうございます。厳寒のお正月の中、皆様はご家族と**暖かく**[01]お過ごしのことと存じます。

さて、年の始まりの慣例**行事**[02]ですが、**勿論**[03]今年も新年会を企画しております。**詳細は下記通りです**[1]。是非ご参加頂き、大いに盛り上がりましょう。

1.**日時**[04]：1月15日（金） 19：00

2.場所：天川料理（台北駅東三口 徒歩2分 tel：○○○○-○○○○）

地図 http://www.skyriver.com/map

3.参加費：400元（当日集金）

ご出席については、このメールの**件名**[05]を**変えず**[2]、下記の**フォーム**[06]で1月13日（水）までに、ご返信頂きますようお願いします。

○をつけてください。

（ ）**出席**[07]・（ ）**欠席**[08]

（お名前： ）

新年会**幹事**[09] 王偉倫

****

営業部 王偉倫 （内線○○○）

E-mail：wang01@hotmail.com

翻译

大家：

新年快乐。寒冷的年假期间，我想大家应该都和家人一起温暖地度过。

作为开春的例行活动，今年当然也计划举办新年聚会。详细内容如下，请大家务必参加，一起狂欢。

1. 时间：1月15日（星期五）19：00
2. 场所：天川料理 台北车站东三出口，徒步2分钟，电话：○○○○-○○○○
   地图 http://www.skyriver.com/map
3. 参加费用：400元（当日收取）

出席统计请使用此邮件，不更改主旨名称并以下面的形式填写，于1月13日（星期三）以前回信，谢谢各位合作。

请打“○”。

（　）出席・（　）缺席

（姓名：　　　　　　　　　　）

新年聚会主办干事 王伟伦

重点句解说

1. 詳細(しょうさい)は下記通(かきとお)りです

“AはBとおり”是用来表示A的内容、含意，就如同B所显示、表现的一样。通常A多为表示预定、计划、命令等类型的名词或者表示思考的动词的“ます”形，例如：

実験(じっけん)[10]は計画(けいかく)[11]通(どお)り、来週(らいしゅう)から着手(ちゃくしゅ)します。实验依计划于下周开始进行。

実験結果(じっけんけっか)はなかなか[12]予想通(よそうどお)りにならないね。实验结果与预期大不相同。

2. 変(か)えず

动词的否定形一般为“ない”，但是在文章里面，则多用另外一个否定助动词“ず”，接续方法同“ない”，例如：

第一类动词（五段动词）	**変(か)わらない**	→	**変(か)わらず**
第二类动词（上，下一段动词）	**抑(おさ)えない**	→	**抑(おさ)えず**
第三类动词（サ行动词）	**遠慮(えんりょ)しない**	→	**遠慮(えんりょ)せず**

可能会遇到的句子

1. ご家族のご出席も大歓迎[13]ですので、是非ご一緒にご参加ください。
   竭诚欢迎您家人的出席，请务必一同参加。
2. 同僚[14]との交流も含めて、よい始まりができればと思って、新年会を企画しました。希望包括同仁之间的交流，都能有好的开始，因此计划举行新年聚会。
3. 今回は特別会社から補助金[15]がでますので、どうぞこの機会を見逃さず[16]、奮って[17]ご参加ください。这次公司特别提供了补助津贴，请踊跃参加，勿失良机。
4. 日時は1月12日にしましたが、ご都合が悪い方はどうぞお気軽にご相談ください。日期订于1月12日，如果觉得时间不合适请随时与我联系。

必背关键单词

01. 暖かい【あたたかい】❹
イ：温暖，热情

02. 行事【ぎょうじ】❶
名：仪式，活动

03. 勿論【もちろん】❷
副：当然

04. 日時【にちじ】❶
名：（行程方面的）日期

05. 件名【けんめい】⓿
名：名称

06. フォーム ❶
名：形式，格式

07. 出席【しゅっせき】⓿
名/自Ⅲ：出席

08. 欠席【けっせき】⓿
名/自Ⅲ：缺席

09. 幹事【かんじ】❶
名：干事，活动的主办人，召集人

10. 実験【じっけん】⓿
名：实验，体验

11. 計画【けいかく】⓿
名/他Ⅲ：计划，规划

12. なかなか ⓿
副：颇，很，非常

13. 大歓迎【だいかんげい】❸
名：非常欢迎

14. 同僚【どうりょう】⓿
名：同事，同僚

15. 補助金【ほじょきん】⓿
名：补助金，津贴

16. 見逃す【みのがす】⓿
他Ⅰ：看漏，错过，饶恕，宽恕

17. 振るう【ふるう】⓿
他Ⅰ：奋起，踊跃

02 邀请参加年会

E-mail本文

To: "高橋健太"takahashi_kenta@japan.co.jp

Cc:　　Bcc:

Subject: **忘年会[01]のご招待[02]**

高橋　様

霜気の候、ますます御健勝のこととお慶び申し上げます。林です。

さて、平素は格別のお引き立て頂きまして、ありがとうございました。つきましては、感謝の気持ちを込めて、弊社営業部の忘年会に高橋様をご招待致したいと存じます。**ご多忙は承知[03]の上**[1]で申し上げますが、ご都合がよろしければ、是非ご出席を賜りますよう**謹んで[04]お願い申し上げます**[2]。詳細は下記通りでございます。

1.日時：12月17日（金）　19：00～21：00
2.場所：懐石料理　（中山駅3番出口　徒歩5分　tel：○○○○-○○○○）
　地図　http://www.MIYABI.com.tw/map.jpg

また、当然のことですが、会費は不要とさせていただきます。それでは、取り急ぎご案内とご考慮頂きますようお願い申し上げます。
林嘉劭

****

株式会社弘揚商事
営業部　林嘉劭

E-mail：lin05@hotmail.com　TEL：○○○○-○○○○　（内線）○○○

FAX：○○○○-○○○○　〒○○○-○○○

中国北京市○○路○○号○○階

翻译

高桥先生：

寒霜之际，敬祝您身体健康，我是林嘉劭。

平日承蒙您特别照顾，谢谢您。怀着感谢的心情，想邀请高桥先生来参加敝公司营业部的年会。我知道您非常忙碌，但是如果您时间许可的话，恭请您务必大驾光临。详细的信息如下：

1. 日期：12月17日（星期五）19：00～21：00

2. 场所：怀石料理（中山站3号出口，徒步5分钟，电话：○○○○-○○○○）

地图 http://www.MIYABI.com/map.jpg

另外，这当然是免会费的。以上先跟您做个介绍并恳请您多加考虑。

林嘉劭

日文E-mail
语法重点解析

重点句解说

1. ご多忙（たぼう）は承知（しょうち）の上（うえ）

“…上（うえ）”之前加上名词或者动词的辞书形或过去式的话，则可以表示了解该名词或动词实现之后的后果，并愿意承担。而在这里，表示非常了解对方的忙碌，但仍热情地想要邀约对方。其他例如：

東京大学（とうきょうだいがく）に行（い）くと宣言（せんげん）した[05]上（うえ）、必死（ひっし）[06]に勉強（べんきょう）するしかない。

既然已经宣言要进东京大学了，只好拼命努力学习了。

お客様（きゃくさま）に叱（しか）られる[07]覚悟（かくご）の上（うえ）、謝（あやま）り[08]に行（い）きました。做好被客户责骂的准备去道歉。

2. 謹（つつし）んでお願（ねが）い申（もう）し上（あ）げます

在本文中，因为对方是平时往来的客户，因此在邀约上，必须更加谦恭有礼。这时候就可以使用“謹（つつし）む”（谨慎，慎重）这个词来表示恭请的语意。其他常见用法还有：

謹（つつし）んで深（ふか）くお詫（わ）び申（もう）し上（あ）げます。郑重致上深深的歉意。

謹（つつし）んで差（さ）し上（あ）げます。慎重地为您献上。

可能会遇到的句子

1. ご都合お繰り合わせ[09]の上、是非とも[10]ご参加ください。请务必抽出时间参加。

2. 忘年会を借りて、皆様との親睦[11]を深めたいと存じます。

   借着年会这个机会来加深彼此的情感。

3. 忘年会の途中はカラオケ大会、最後はくじ引き[12]など、盛りだくさん[13]のイベント[14]も用意しております。

   年会中途准备了卡拉OK大会，最后有抽奖等丰富的活动。

4. お馴染み[15]の顔ばかりなので、どうぞ気軽にいらっしゃってください。

   都是熟面孔，所以请轻松前来。

必背关键单词

01. 忘年会【ぼうねんかい】❸
名：年终联欢会

02. 招待【しょうたい】❶
名 / 他Ⅲ：招待，邀请

03. 承知【しょうち】⓿
名 / 他Ⅲ：知道，赞成，允许

04. 謹む【つつしむ】❸
他Ⅰ：谨慎，慎重

05. 宣言【せんげん】❸
名 / 他Ⅲ：宣言

06. 必死【ひっし】⓿
名：拼命

07. 叱る【しかる】⓿
他Ⅰ：责骂，责备

08. 謝り【あやまり】⓿
名：道歉，谢罪

09. 繰り合わせ【くりあわせ】⓿
名：安排，抽出，配合

10. 是非とも【ぜひとも】❶
副：无论如何

11. 親睦【しんぼく】⓿
名 / 自Ⅲ：和睦，亲近

12. くじ引き【くじびき】⓿
名：抽签

13. 盛りだくさん【もりだくさん】❸
名：非常多

14. イベント ❷
名：事件，结果

15. 馴染み【なじみ】❸
名：熟识

03 邀请参观新开直营店

E-mail本文

To "高橋健太"takahashi_kenta@japan.co.jp

Cc

Bcc

Subject **直営店**[01]設立のご案内

高橋　様

平素はご愛顧を賜り、誠にありがとうございます。林です。

さて、日頃から一方ならぬお引き立ていただきましたお陰で、このたび北京市内で、直営店を設立致しました。

弊社が**取り扱って**[02]いる全機種の**テレビ**[03]**をはじめ**[1]、業界最新技術を集結した3D**シアターシステム**[04]などの特別展示コーナー[05]も設立する予定でございます。ぜひ**お立ち寄りになり**[2]、体験してください。また、営業時間、**及び**[06]店舗の情報を下記どおりご案内致します。

店名：弘揚商事総合家電**センター**[07]
住所：北京市○○路○○号1階
営業時間：年間無休、11：00～21：00
電話：○○○○-○○○○
取り急ぎ、ご**来駕**[08]を賜りますようご案内申し上げます。
林嘉劭

****

株式会社弘揚商事
営業部　林嘉劭

E-mail：lin05@hotmail.com　TEL：○○○○-○○○○　（内線）○○○

FAX：○○○○-○○○○　〒○○○-○○○

中国北京市○○路○○号○○階

翻译

高桥先生：

平日受您爱护照顾，谢谢您。我是林（嘉劭）。

多亏您平常对我们非常地照顾，这次我们在北京市内设立了直营店。我们也设置了特别展示区，展出敝公司的全机型电视，以及汇集业界最新技术的3D家庭剧院等各式产品，请务必莅临，亲身体验。另外，营业时间以及门市资料为您叙述如下：

店名：弘扬商业综合家电中心

地址：北京市○○路○○号1楼

营业时间：全年无休，11：00～21：00

电话：○○○○-○○○○

期待您的莅临。

林嘉劭

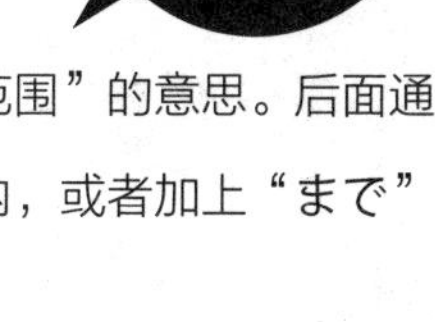

重点句解说

1. をはじめ

“をはじめ”表示“以……为开端，然后扩展、延伸、衍生至其他范围”的意思。后面通常都会加上“など”来暗示只是种类的类举，还有其他诸多内容包含在内，或者加上“まで”表示范围之广。例如：

金融業をはじめ、建築業などの産業にも被害が出ている。
从金融业开始，发展到建筑业之类的产业也蒙受损失了。

政治家をはじめ、投票権[09]を持たない[10]高校生までも新しい選挙[11]制度の改革に関心を持っているようだ。从政治家到没有投票权的高中生都关心新的选举制度改革。

2. お立ち寄りになり

“立ち寄る”可以表示“靠近，绕道”的意思。使用“来る”“いらっしゃる”的话因为是直接要求对方做“来”这个动作，会略有强硬的感觉。而使用“立ち寄る”的话则可以表示巧妙委婉的邀约。当然要将“立ち寄る”这个动词变为敬语则别忘记使用“お + 动词マス形 + になる”这样的方式。

可能会遇到的句子

1. 開店前の準備期間はいろいろ問題がありましたが、予定どおり開店できるのは中山さんのお陰です。

   开店前的准备期间虽然出了很多问题，但还是能依照预定开张，这都是托了中山先生的福。

2. 今までの苦労[12]はこの日のためです。之前所有的辛苦都是为了这一天。

3. 店は繁華街[13]の真ん中[14]にありますから、来客数[15]の心配はまず要りません[16]。

   因为店开在闹市中，所以顾客客流应该不成问题。

4. 店には若者向け[17]の商品が多く取り扱っております。

   店里备有许多面向年轻人的商品。

必背关键单词

01. 直営店【ちょくえいてん】❸
名：直营店

02. 取り扱う【とりあつかう】⓿
他Ⅰ：处理，使用，（店家之类）备有

03. テレビ ❶
名：电视

04. シアターシステム ❺
名：（家庭）剧院系统

05. コーナー ❶
名：柜台，角落

06. 及び【および】⓿
接：和，及

07. センター ❶
名：中心

08. 来駕【らいが】❶
名／自Ⅲ：驾临，大驾光临

09. 投票権【とうひょうけん】❺
名：投票权

10. 持つ【もつ】❶
他Ⅰ：拥有，拿，携带

11. 選挙【せんきょ】❶
名／他Ⅲ：选举，推举

12. 苦労【くろう】❶
名／自Ⅲ／ナ：辛苦，劳苦

13. 繁華街【はんかがい】❸
名：闹市

14. 真ん中【まんなか】⓿
名：正中央

15. 来客数【らいきゃくすう】❺
名：来客数，到客数

16. 要る【いる】⓿
自Ⅰ：需要，必要

17. 若者向け【わかものむけ】⓿
名：面向年轻人

邀请参加落成仪式

E-mail本文

To　"林嘉劭"lin05@hotmail.com

Cc

Bcc

Subject　**新築**[01]工場落成式のご招待

林様

平素大変お世話になっております。田中です。

さて、台南にある弊社の第2工場はこのたび**竣工**[02]**の運びとなり**[1]、来る12月1日に**落成式**[03]を**執り行います**[04]ので、平素から貴重なご意見を頂く林さんに、是非お越しいただく、ご案内及びご招待を申し上げます。
年末の**大量出荷**[05]**を前にして**[2]、何とか三つの**生産ライン**[06]**を整える**[07]ことができました。**日産**[08]1000台との予定で、貴社のご要求にお答え致すことができると信じております。

また、竣工式の詳細内容を添付ファイルにて一緒にお送り致しましたので、ご確認のほどよろしくお願い申し上げます。

取り急ぎ、お知らせとご案内まで申し上げます。

田中　翔

****

株式会社日本IC設計

営業部　田中　翔

E-mail：tanaka_01@japan-ic.co.jp　TEL：○○○○-○○○○　（内線）○○○

FAX：○○○○-○○○○　〒○○○-○○○

中国北京市○○路○○号○○階

翻译

林先生:

平时非常受您照顾。我是田中。

这次敝公司位于台南的第2工厂已经进入竣工的阶段，在即将到来的12月1日举办落成典礼，因此想邀请平时就经常给了我们宝贵意见的林先生一起来共襄盛举。

年末大量出货之前，总算整顿好3条生产线。预计每日产能1 000台，相信能够符合贵公司的要求。

另外，落成典礼的详细内容随附件一并发送给您，敬请确认。

谨先以此告知您并做个简介。

田中翔

重点句解说

1. 竣工の運びとなり

一般表述“建筑物盖好”时，我们常用“ビルができました”“ブルが完成しました”这样的讲法，但是在较为正式的书面中，或者在落成典礼中面对与会的来宾时，通常会使用“竣工の運びとなりました”此种较为正式的说法。其他例如：

2010年、アラブ首長国連邦[09]のドバイ[10]にある超高層ビル[11]、ブルジュ・ハリファ（ブルジュ・ドバイから改称[12]）が竣工し、世界最高の建物となりました。

2010年，位于阿拉伯联合酋长国——迪拜的摩天楼，哈利法塔（从迪拜塔改名而来）竣工后，成为世界最高的建筑。

新しい医学[13]共同研究棟は来年の4月に竣工予定です。

新的医学共同研究大楼预计于明年4月竣工。

2. 大量出荷を前にして

“前”除了可以用来表示空间上的关系以外，也可用来表示时间上的关系，而用“…を前にして”表示时间上的关系时，通常有“迫在眉睫，即将发生”的含意。

大学入試を前にして、よくのんびり[14]で映画を見に行ったな。

大学入学考试就在眼前，你还真能悠闲地跑去看电影。

納期を前にして、工場の作業員は全員残業させられました。

交期在即，工厂的工人全都被要求加班。

日文E-mail
高频率使用例句

可能会遇到的句子

1. ご参加が可能かどうかは、来週の月曜日までにご連絡頂けるかと存じます。
   能否参加，是否可以于下周一前回复呢？

2. 工式でお言葉を頂ければ光栄[15]と存じます。
   在落成典礼上如果能为我们说几句话将是我们的荣幸。

3. 当日はお迎え[16]の車がございますので、ご到着の予定時間をお知らせ[17]頂ければ、お迎えに参ります。当天有接送的专车，如果能告知预定到达的时间，将过去迎接。

4. 当工場の運営状況及び来年度の予定も合わせて[18]ご説明いたす予定でございますので、是非ご参加いただきますようお願い申し上げます。
   将一并说明工厂的营运状况以及下年度的预定计划，恳请您参加。

必背关键单词

01. 新築【しんちく】⓿
名 / 他Ⅲ：新建，新建的房屋

02. 竣工【しゅんこう】⓿
名 / 自Ⅲ：竣工，完工

03. 落成式【らくせいしき】❸
名：竣工典礼，落成典礼

04. 執り行う【とりおこなう】⓿
他Ⅰ：举行，执行

05. 出荷【しゅっか】⓿
名 / 他Ⅲ：出货，运送货物

06. 生産ライン【せいさんらいん】❺
名：生产线

07. 整える【ととのえる】❹
他Ⅱ：整理，整顿

08. 日産【にっさん】⓿
名：每日产量

09. アラブ首長国連邦【あらぶしゅちょうこくれんぽう】❾
名：阿拉伯联合酋长国

10. ドバイ ❶
名：迪拜

11. 超高層ビル【ちょうこうそうびる】❼
名：摩天大厦，摩天大楼

12. 改称【かいしょう】⓿
名 / 他Ⅲ：改名，改称呼

13. 医学【いがく】❶
名：医学

14. のんびり ❸
副 / 自Ⅲ：悠闲，无拘无束

15. 光栄【こうえい】⓿
名 / ナ：光荣

16. 迎え【むかえ】⓿
名：迎接

17. 知らせ【しらせ】⓿
名：通知，告知

18. 合わせ【あわせ】❸
名：调和

05 邀请参加创业仪式

E-mail本文

To: "小林 武"takeshi-kobayasi@japan.co.jp

Cc:

Bcc:

Subject: 創業式のご招待

小林 様

春暖の候、いよいよご清栄のこととお喜び申しあげます。何です。

さて、弊社は来る3月21日を持ちまして、創立1周年を迎えます。創立以来は貴社をはじめ、皆様の暖かいご支援とご指導を賜り、この１年順調に発展できました。改めて皆様あっての弘揚商事[1]であると感じており、皆様に**重ね重ね**[01]御礼申し上げます。

この機をお**借り**[02]し、皆様への感謝の気持ちを込め、心ばかり[2]の**式典**[03]を催したいと存じます。**招待状**[04]及びプログラムのは昨日**郵送**[05]致し、本日到着するかと存じます。ご多忙のところ恐縮でございますが、**万障**[06]お繰り合わせの上、ご臨席賜りますようお願い申し上げます。

何明慧

****

株式会社弘揚商事

営業部　何明慧

E-mail：he01@hotmail.com　TEL：○○○○-○○○○　（内線）○○○

FAX：○○○○-○○○○　〒○○○-○○○

中国北京市○○路○○号○○階

翻译

小林先生：

春暖花开之际，敬祝您身体健康。我是何（明慧）。

敝公司将在3月21日这一天迎来创立一周年。公司创立以来，获得贵公司及各位热情的帮助与指导，因此这一年得以顺利地发展。深切感到有各位才有弘扬商业，在此郑重致上最深的谢意。

借由这个机会，怀着对各位的感激之情，准备举办一个小小的典礼。邀请函以及节目表已于昨天邮寄，我想今天应该就会送达。

在各位百忙之中多有打扰，甚感惶恐，但还恳请排除万难来参加典礼。

何明慧

重点句解说

1. 皆様あっての弘揚商事

“…あっての…”前后衔接名词，用来表示前后两者的密切关系，意思是“因为有……，所以才有……”，并且带有“没有……就没有……”的含意在内，其他例如：

民あっての国家です。民意を無視する政権[07]は長く居られません[08]。

有人民才有国家。无视民意的政权不会长久。

今回の実験はみんなの協力あっての成功だ。这次的实验因为有大家的协助才会成功。

2. 心ばかり

“ばかり”和“だけ”“のみ”颇为相似，翻成中文都是“只，只有”的意思。其区别在于，“ばかり”具有“相同物品非常多”，“完全是”或者是“只针对某件事重复进行很多次”的含意。因此在使用上需多加小心。例如：

最近店長や課長代理といった肩書き[09]をつけておいて、権限[10]も与えず[11]に手当てなしで残業ばかりさせる悪質[12]な労働[13]違反のケース[14]が増えている。

最近有给员工挂上店长或者代理科长的头衔却不给予权限的事情发生，并且一味地让其在没有加班费的情况下加班，这样恶意违反劳动法的案件越来越多。

ここのところは勉強ばかりで、少し運動不足気味だ。

最近都只是在学习，有点缺乏运动的感觉。

可能会遇到的句子

1. 弊社の業務及び運営方針をより深くご理解いただけるよう、盛りだくさんの趣向を凝らしております。

   为了让各位能更加了解敝公司的业务以及营运方针，特别准备了许多节目。

2. 業界の皆様だけではなく、官僚の方々のご臨席も決定致しました。

   不止业界的各位，许多客员也确定会出席。

3. 式の後、心ばかりのお食事を用意しております。仪式之后，诚心地为您准备了餐点。

4. 社長を始め、弊社全員は皆様のご到来を心からお待ち申し上げております。

   以总经理为首，敝公司全体员工皆衷心期待您的到来。

必背关键单词

01. 重ね重ね【かさねがさね】❹
副：三番两次，衷心

02. 借りる【かりる】❹
他II：借，借助

03. 式典【しきてん】⓪
名：仪式，典礼

04. 招待状【しょうたいじょう】❸
名：请帖，邀请函

05. 郵送【ゆうそう】⓪
名 / 他III：邮寄

06. 万障【ばんしょう】❷
名：一切障碍，万难

07. 政権【せいけん】⓪
名：政权

08. 居る【いる】⓪
自I：保持，在

09. 肩書【かたがき】⓪
名：头衔，职位

10. 権限【けんげん】❸
名：权限

11. 与える【あたえる】⓪
他II：给予，供给

12. 悪質【あくしつ】⓪
名 / ナ：粗劣，恶劣

13. 労働【ろうどう】⓪
名 / 自III：劳动，工作

14. ケース ❶
名：箱子，案例

06 邀请参加新商品发表会

E-mail本文

To	"楊婷儀" yang02@hotmail.com
Cc	
Bcc	
Subject	新製品発表会にご招待

楊 様

いつもお引き立ていただき誠にありがとうございます。日本商事北京支社の中野です。

さて、このたび弊社では新製品の開発が完成し、発売することになりました。今回の新製品は当社開発スタッフが**技術の枠**[1]を**結集**[01]しました**画期的**[02]な製品として、業界のみならず、大学などの研究施設でも注目されています。なお、**コスト**[03]**を抑える量産の実現**[04]**に伴い**[2]、商品の普及は一層**早まる**[05]と存じます。つきましては、これを機に下記通り新商品発表会を開催致します。

日時：2010年4月1日　10：00～12：00
会場：**ロイヤル**[06]ホテル、B1第1**ホール**[07]
御**多用**[08]中誠に恐縮ではございますが是非とも御**来臨**[09]賜りますようお願い申し上げます。

中野翔太

****

株式会社日本商事
営業部 中野翔太

E-mail：nakano_syouta@japan.com.　TEL：○○○○-○○○○（内線）○○○

FAX：○○○○-○○○○　〒○○○-○○○

中国北京市○○路○○号○○階

翻译

杨小姐：

平时承蒙您提拔，我是日本商业北京分公司的中野。

敝公司新产品的开发已经完成，即将开始销售了。这次的新产品是由本公司开发人员集结技术的结晶开发出来的划时代产品，不止业界，连大学等研究机构也相当关注。另外，伴随低成本量产的实现，相信本商品的普及会更加快速。因此，我们将借由这次机会举办新产品发表会。

日期：2010年4月1日 10：00～12：00

会场：皇家饭店，B1第1会议厅

在您百忙之中多有打扰，但恳请您光临。

中野翔太

日文E-mail
语法重点解析

重点句解说

1. 技術の枠

“枠”本意指“框架”、“书边”等有形的范围，但也可指无形的范围，例如：

この商品の開発費は予算の枠を遥かに[10]超える[11]ため、打ち切られました[12]。

由于该商品的开发费用远超过预算范围，因此夭折了。

今の携帯電話[13]はすでに電話の枠を超え、デジタルカメラ[14]やパソコン並み機能がそろっている。现在的移动电话早已经超越电话的范围了，有着和数码相机或电脑一样的功能。

2. コストを抑える量産の実現に伴い

“…に伴い”和“…に伴って”都是用来表示前后两者的互动关系的，表示伴随着前者的变化，后者产生某种变化。而“…に伴い”是比“…に伴って”更加正式的说法。例如：

子供が生まれたのに伴って、食費や教育費などの費用が出てきて、家計をもっとしっかりと[15]管理しないといけないな。

随着小孩的出生，多了伙食费、教育费等费用，不精打计算不行啊。

少子化に伴い、学校の運営が難しく[16]なるほか、いろいろな社会問題が出てきた。

随着少子化，学校营运变得困难，还有各种社会问题也浮现出来了。

可能会遇到的句子

1. 当日ご来場[17]のお客様に粗品を進呈[18]致します。

   我们将赠送小礼物给当日光临的宾客。

2. 新商品は最新の3Dプロセスチップを搭載し、業界初3D画像[19]を撮影可能にしたデジタルカメラである。

   新商品搭载了最新的3D处理晶片，是业界首台可以拍摄3D影像的数码相机。

3. 今回の新商品発表会と共に、新発売キャンペーン[20]を企画いたしました。

   和这次的新商品发布会一起，策划了新产品特卖会。

必背关键单词

01. 結集【けっしゅう】⓿
名/自他Ⅲ：集结，聚集

02. 画期的【かっきてき】⓿
ナ：划时代的

03. コスト ❶
名：成本，费用

04. 実現【じつげん】⓿
名/自他Ⅲ：实现

05. 早まる【はやまる】❸
自Ⅰ：加快，轻率

06. ロイヤル ❶
名：皇室，皇家，高贵

07. ホール ❶
名：大厅，讲堂，会堂

08. 多用【たよう】⓿
名：事情多，繁忙，大量使用

09. 来臨【らいりん】⓿
名/自Ⅲ：光临，驾临

10. 遙か【はるか】❶
ナ/副：远远，遥远

11. 超える【こえる】⓿
自Ⅱ：越过，超出，超过

12. 打ち切る【うちきる】❸
他Ⅰ：截止，切断

13. 携帯電話【けいたいでんわ】❺
名：移动电话，手机

14. デジタルカメラ ❺
名：数码相机

15. しっかり ❸
副/自Ⅰ：确实，结实，牢固

16. 難しい【むずかしい】⓿
イ：难办，复杂

17. 来場【らいじょう】⓿
名/自Ⅲ：到场，出席

18. 進呈【しんてい】⓿
名/他Ⅲ：奉送，赠送

19. 画像【がぞう】⓿
名：影像，画像

20. キャンペーン ❸
名：宣传活动，特别活动

邀请参加聚餐

E-mail本文

To	"呉孝卉"wu01@hotmail.com		
Cc		Bcc	
Subject	佐藤さんと一緒に食事しませんか		

呉さん

こんにちは、佐々木です。お元気ですか。

突然ですが、来週の夜、佐藤さんと一緒に食事しませんか。

実は[1]佐藤さんが出張で北京に来ました。昨日電話で、一緒に食事しようという話[2]があって、来週行くことにしました。**せっかく**[01]ですから、呉さんも一緒にどうですか。

時間に関して、佐藤さんと私は夜なら何曜日でも大丈夫なので、呉さんも来れるなら、呉さんの都合に**合わせます**[02]。呉さんは来週の夜、**空いて**[03]いる日がありますか。お時間があれば、是非ご一緒に。

では、お返事をお**待ち**[04]します。

佐々木恵美

翻译

吴小姐:

你好，我是佐佐木。最近还好吗?

冒昧联系你，是想问问你，下星期晚上要不要和佐藤小姐一起吃饭?

事情是这样的，佐藤小姐她来北京出差了。昨天电话里聊到一起吃顿饭，初步定在下周。难得她来，你也一起如何啊?

时间上，佐藤小姐和我晚上的话星期几都可以，如果你能来的话可以配合你的时间。下周晚上你有没有空呢? 如果有时间的话，希望你能一起。

那就等你回复了。

佐佐木惠美

重点句解说

1. 実は…

“実”包含许多含意，包括在要告知对方某些事情时表示“事情是这样的”，在要告诉对方某些自己感到或者对方可能感到惊讶的事实时，意思是“其实”，以及在描述某件事情与其表面所呈现的状况不同时，意为“实际上”。在文中其含意是“事情是这样的”，其他两种意思例句如下:

すごく言いつらいですが、実は工場でトラブル[05]があって、約束[06]の納期は難しくなりました。
虽然很难以启齿，其实是因为工厂发生了些意外，所以跟您约定好的日期变得有点困难了。

表[07]には資金の運用[08]がまったく[09]ないと公表[10]していますが、実は倒産寸前[11]の状況です。
虽然表面上公开说资金运转上完全没问题，实际上已经是破产边缘的状态了。

2. …という話

“…という”可以用来表示前面所述内容，后面会依照描述内容加上“こと”或者“話”之类可以涵盖描述内容的语词。例如:

この会社に入ったお陰で、自分も可能性がある人だということが分かりました。
多亏进了这家公司，让我了解到我也是充满潜力的。

先、部長から来月一人の新入社員がうち[12]にくるという話を聞きました。

刚才听部长说下个月有个新员工要到我们这来。

日文E-mail 高频率使用例句

可能会遇到的句子

1. よろしければ、明日の飲み会[13]に参加しませんか。
   方便的话，要不要参加明天的聚餐呢?
2. 店の予約のため、今週土曜日までに出欠[14]のご連絡を頂きますようお願いします。因为还要订位置，所以麻烦这星期六之前告知我是否出席。
3. 二次会[15]はカラオケ[16]で、自由参加です。第二轮在卡拉OK，可以自由参加。
4. 居心地[17]がいい店を予約しましたので、是非参加してください。
   订了一家很舒适的餐厅，请一定要参加。

必背关键单词

01. せっかく ⓪
名/副：特意，好不容易，难得

02. 合わせる【あわせる】③
他II：合并，配合，调和

03. 空く【あく】⓪
自I：空，闲，腾出

04. 待つ【まつ】①
他I：等候

05. トラブル ②
名：纷争，困扰，麻烦

06. 約束【やくそく】⓪
名/他III：约定

07. 表【おもて】③
名：表面，正面

08. 運用【うんよう】⓪
名/他III：运用，活用

09. まったく ⓪
副：完全，全然，实在

10. 公表【こうひょう】⓪
名/他III：公布，发表

11. 寸前【すんぜん】⓪
名：边缘，迫近

12. うち ⓪
名：己方，内部，家

13. 飲み会【のみかい】②
名：聚餐，酒会

14. 出欠【しゅっけつ】⓪
名：出席和缺席

15. 二次会【にじかい】②
名：第二轮，主要活动结束之后另外举行的活动

16. カラオケ ⓪
名：卡拉OK

17. 居心地【いごこち】⓪
名：心情，感觉

08 邀请参加婚礼

E-mail本文

To "鄭健銘"zheng04@hotmail.com

Cc

Bcc

Subject 私の披露宴へのお誘い

鄭さん

蒸し暑[01]い毎日が続き、秋が来るのはもう少し先のようです。井上です。

さて、**私こと翔太**[1]このたび2016年9月20日に結婚致すことに**相成りました**[2][02]。

鄭さんとご紹介のお陰で、山田さんと**出会う**[03]ことができました。**交際**[04]中はいろいろご心配をおかけしましたが、縁を得まして山田さんとの婚約が**相整い**[05]、結婚の運びとなりました。

是非私たちの**晴れ姿**[06]を鄭さんにお**見せ**[07]、**結婚披露宴**[08]にご招待致したく存じます。

正式は**別途**[09]ご案内致しますが、事前にお知らせ申し上げます。

日時：2016年9月20日

場所：台北ホテル2階永福庁

ご多忙は承知の上ですが、是非ご来臨賜りますようお願い申し上げます。

井上翔太

翻译

郑小姐：

湿热的天气继续持续，秋天似乎还要很久才能到来。我是井上。

我决定在2016年9月20日结婚了。

多亏郑小姐的介绍，我和山田小姐才得以相识。交往中让您操心许多，但总算有缘和山田小姐订婚并迈向红毯的另一端。

因为非常想让郑小姐见证这一刻，所以想邀请你来参加结婚喜宴。我们会再另行正式通知您，不过跟您事先知会一声。

日期：2016年9月20日

场所：台北饭店2楼永福厅

还请您百忙之中拨冗光临。

井上翔太

重点句解说

1. 私（わたくし）こと翔太（しょうた）

“こと”可以放在两个同义的名词中间，用来表示这两个名词是相等的。通常前面放的是一般的称呼、代词或笔名之类的称呼，后面放的则是本名或者正式名称。例如：

アメリカの大統領（だいとうりょう）ことバラク・フセイン・オバマ・ジュニアはこれからホワイトハウスで演説（えんぜつ）します。美国总统，贝拉克·侯赛因·奥巴马二世接下来将在白宫进行演说。

2. 相成（あいな）りました

“相（あい）”这个接头语有两种用法，一种是表示相互或共同的关系，例如“**相見る（あいみ）**[10]”（相互比价，相互对看），而文中的“相成る（あいな）”则是另一种把后面接的动词变成郑重说法的用法，也就是说，“相成りました（あいな）”是“なりました”的郑重说法。“**相勤める（あいつと）**[11]”（从事，工作）“相整う（あいととの）”（整齐，完整）“**相交わる（あいまじ）**[12]”（交往，交叉）等表述都是郑重语气。

可能会遇到的句子

1. いろいろと励まし(はげ)[13]、ご指導(しどう)のお言葉(ことば)を頂(いただ)ければと存(ぞん)じます。

   希望能得您的鼓励与指导。

2. ご披露(ひろう)[14]をかねまして[15]、心(こころ)ばかりの料理(りょうり)を用意(ようい)しております。

   跟大家宣布喜事的同时，也为各位准备了一点餐点。

3. 当日(とうじつ)は平服(へいふく)[18]で結構(けっこう)ですので、気軽(きがる)にお越(こ)しになってください。

   当天请不用刻意打扮，带着轻松的心情前来。

4. 松島(まつしま)ご夫妻(ふさい)のご媒酌(ばいしゃく)[19]によりまして、中島美香(なかじまみか)さんとの婚約(こんやく)が成立(せいりつ)し、挙式(きょしき)[20]の運(はこ)びと相成(あいな)りました。

   由松岛夫妇做媒，和中岛美香小姐订婚并举行结婚典礼。

必背关键单词

01. 蒸し暑い【むしあつい】❹
    イ：闷热

02. 相成る【あいなる】❶
    自I：“なる”的郑重讲法

03. 出会う【であう】❷
    自I：遇见

04. 交際【こうさい】⓪
    名/自III：交往，交际

05. 相整う【あいととのう】❶
    自I：“整う”的郑重讲法

06. 晴れ姿【はれすがた】❸
    名：美丽的样子，盛装打扮

07. 見せる【みせる】❷
    他II：给……看

08. 結婚披露宴【けっこんひろうえん】❺
    名：结婚喜宴

09. 別途【べっと】⓪
    名/副：其他途径，其他方式

10. 相見る【あいみる】❶
    自他II：相看，互看

11. 相勤める【あいつとめる】❶
    他II：“勤める”的郑重讲法

12. 相交わる【あいまじわる】❶
    自I：“交わる”的郑重讲法

13. 励まし【はげまし】⓪
    名：鼓励，激励

14. 披露【ひろう】❶
    名/他III：宣布，公布

15. かねる ❷
    他II：兼

16. 平服【へいふく】⓪
    名：便衣，便服

17. 媒酌【ばいしゃく】⓪
    名/他III：介绍人，做媒

18. 挙式【きょしき】⓪
    名/自III：举行仪式

09 邀请参展

E-mail本文

To "佐藤　光"sato_hikari@japan-ic.co.jp

Cc

Bcc

Subject 第5回電子部品展示会のご案内

日本IC設計株式会社
営業部長
佐藤　光　様

初秋の候、貴社ますますご隆盛のこととお慶び申し上げます。

さて、このたび弊社**主催**[01]の第5回電子部品展示会は今年7月18日から22日まで、東京国際展示場で開催致すことになっております。今後のIC設計と未来の生活は**如何に**[1.02]**繋がる**[03]かという**テーマ**[04]のため、常に自然との共存に**着目し**[05]、さまざまな**優れた**[06]IC[2]を開発なさいました貴社にご出展頂きたく出展頂きたく出展資料をお送り致しました。ご多忙中恐縮ですが、ご**参加**[07]の件をご検討頂きますようお願い申し上げます。

尚、本件に関してのお問い合わせは私、山下翔平（内線123）までよろしくお願い申し上げます。

山下翔平

****
東京電子部品貿易連合
電子部品展示会出展受付係り　山下翔平
E-mail：application@tokyo.co.jp　TEL：○○○○-○○○○　（内線）○○○
FAX：○○○○-○○○○　〒○○○-○○○
中国北京市○○路○○号○○階

翻译

日本IC设计股份公司

营业部长

佐藤光先生：

初秋之际，敬祝贵公司蒸蒸日上。

这次由敝公司主办的第五届电子零件展示会将于今年7月18日到22日在东京国际展示场举行。此次的主题为今后的IC设计和未来的生活如何互相联系，所以想邀请总是以和自然共存为着眼点，并开发出许多优异IC的贵公司来参加，送上展出资料。虽然很不好意思，但是请您百忙之中认真考虑参展一事。

另外，有关此事的相关问题，麻烦与我，山下翔平，（内线123）联络。

山下翔平

日文E-mail
语法重点解析

重点句解说

1. 如何に

“如何に”（如何）属于文章用语，意思有两种，一种是表示程度，意思接近口语中的“どんなに”（如何），“どのように”（怎样的……），另外一种是表示如何，意思接近口语中的“どう”（怎样），“どういうふうに”（怎样的方式），“どんなふうに”（怎样的方式）等，文中就是此类表现。表示程度的例如：

今回の手術[08]は如何に腕が立つ[09]医者[10]でも難しいらしいです。

这次的手术无论技术多好的医生都很难完成。

わざわざ各業界の代表を集め[11]、会談することから、政府は今後の経済発展に如何に憂慮なのかが分かる。由特地集结各产业代表会谈，可以得知政府有多担忧今后经济的发展。

2. 優れたIC

“優れる”可用来表示才能、外表、价值等方面优于其他同性质的人、事、物。但是需注意的是，修饰名词时需以过去式“優れた”来接续，例如：

去年、このスピーカー[12]は優れた音質と手頃[13]な値段で、10万円以下ランク[14]での最優秀

賞を飾りました[15]。

去年，这对喇叭靠着优异的音质及平实的价格，荣登十万日元以下等级的最优秀奖。

この機器の優れた性能で、生産量が大幅上げました。

因为这台机器优异的性能，使得生产量大幅上升。

日文E-mail
高频率
使用例句

可能会遇到的句子

1. 今回の展示会は貴社のご協力なしではとても順調に開催できません。

   这次的展示会没有贵公司的协助的话实在无法顺利举行。

2. 国内の大手[16]企業だけではなく、世界有名な企業も今回の展示会に参加する。

   不止国内大企业，世界知名企业也要参加这次展览会。

必背关键单词

01. 主催【しゅさい】⓪
名 / 他Ⅲ：主办，举办

02. 如何に【いかに】❷
副：如何，怎样

03. 繋がる【つながる】⓪
自Ⅰ：连接，联系

04. テーマ ❶
名：主题，主题曲

05. 着目【ちゃくもく】⓪
名 / 他Ⅲ：着眼，注目

06. 優れる【すぐれる】❸
自Ⅱ：出色，优秀

07. 参加【さんか】⓪
名 / 自Ⅲ：参加，加入

08. 手術【しゅじゅつ】❶
名 / 他Ⅲ：手术

09. 腕が立つ【うでがたつ】⓪
惯：技术高招，卓越

10. 医者【いしゃ】⓪
名：医生

11. 集める【あつめる】❸
他Ⅱ：集合，收集

12. スピーカー ❷
名：扩音器，喇叭

13. 手頃【てごろ】⓪
名 / ナ：适手，适合，与情况或能力相同

14. ランク ❶
名：等级，顺序

15. 飾る【かざる】⓪
他Ⅰ：装饰，陈列

16. 大手【おおて】❶
名：大公司，大企业

10 拒绝邀请

E-mail本文

To "佐々木恵美"sasaki_542@hotmail.com

Cc

Bcc

Subject RE: 佐藤さんと一緒に食事しませんか

佐々木さん

お久しぶりです。**誘って**[01]くれってありがとうございます。

しかし、**生憎**[02]ですが、来週はお客様の接待がありまして、皆と一緒に食事するのは**多分**[03]無理だと思います。

うちの課長は手術でまだ入院中ですし、部長は**アメリカ**[04]へ出張中なので、**仕方なく**[1]案内役を**任されました**[05]。せっかく佐藤さんは北京に来ましたのに、本当に**残念**[06]です。

因みに[07]、佐藤さんは北京の**携帯**[2]を持っていますか。番号を教えてくれれば私から電話します。もし携帯持っていないなら、私の番号を佐藤さんに教えて、私に電話をくれますよう伝えてもらえませんか。

私の携帯番号は：0983-〇〇〇-〇〇〇

お忙しいところすみませんが、よろしくお願いします。

では

呉孝卉

翻译

佐佐木小姐:

好久不见，谢谢你的邀约。

可是很不巧，下个星期我要接待客人，所以可能没办法和大家一起聚餐了。

我们科长因为动手术还在住院，部长去美国出差了，没办法，工作只好交给我。佐藤小姐好不容易来北京一趟，（不能聚餐）真的很遗憾。

对了，佐藤小姐有北京的手机（号码）吗？如果有请告诉我，我可以打给她。如果没有手机的话可以麻烦你告诉她我的电话并且请她打给我吗？

我的手机号码是：○○○-○○○-○○○-○○

在你繁忙时打扰，很抱歉，请多多关照。

吴孝卉

日文E-mail
语法重点解析

重点句解说

1. 仕方なく

有另一种讲法为“仕方がない”，两者看起来相似，意思也非常接近，需要多加留意。此外，除了指“没有办法，（方法）没有用”以外，还可以用来表示“无可奈何，逼不得已，不得不”，甚至有困扰到“要命”等诸多含意。“仕方ない”在辞典里面被归类为形容词。

昨日審査結果が出る前に、心配で仕方なかったけど、今はほっとした[08]。

昨天审查结果出来之前担心得要命，不过现在总算松了一口气。

病欠[09]したことがない彼は、H1N1にかかったため、仕方がなく家で静養[10]している。

从来没请过病假的他因为染上了H1N1，没办法只好在家静养。

2. 携帯

原本为“携帯電話”（移动电话），但是在日常生活里，一般大多以“携帯”来简称移动电话。日语里除了这种消除式的简略方式以外，还有合并形式的简略方式，例如“ラジカセ[11]”是由“ラジオカセット”（收音机）缩略而来，而“パーソナルコンピューター”（个人电脑）则可以变为“パソコン”，但是其意思则不变。

日文E-mail
高频率使用例句

可能会遇到的句子

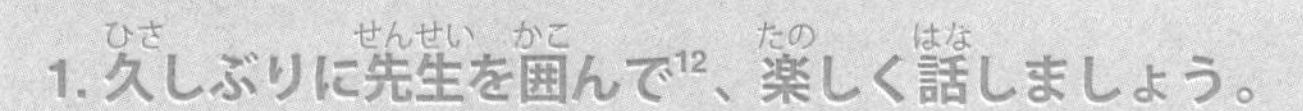

1. 久(ひさ)しぶりに先生(せんせい)を囲(かこ)んで[12]、楽(たの)しく話(はな)しましょう。

   围绕着好久不见的老师愉快地畅谈吧。

2. 私(わたし)の名前(なまえ)で予約(よやく)したから、着(つ)いたら先(さき)に店(みせ)に入(はい)ってください。

   已经用我的名字预约好了，到了就请先行入坐。

3. 今回(こんかい)は貸切(かしきり)[13]の個室(こしつ)[14]を予約(よやく)しました。这次预约了包厢。

4. 途中参加(とちゅうさんか)、退席(たいせき)[15]は大丈夫(だいじょうぶ)ですので、皆是非参加(みなぜひさんか)してください。

   途中参加、离席都没关系，所以请大家务必参加。

必背关键单词

01. 誘う【さそう】❸
    他Ⅰ：邀请，引诱

02. 生憎【あいにく】⓿
    副/ナ：不凑巧

03. 多分【たぶん】⓿
    副：大概，或许

04. アメリカ ⓿
    名：美国

05. 任す【まかす】❷
    他Ⅰ：委托，委任

06. 残念【ざんねん】❸
    ナ：遗憾，可惜

07. 因みに【ちなみに】⓿
    接：顺带，顺便

08. ほっとする ⓿
    自Ⅲ：松了一口气，放心的样子

09. 病欠【びょうけつ】⓿
    名/自Ⅲ：因病缺席

10. 静養【せいよう】⓿
    名/自Ⅲ：静养

11. ラジカセ ⓿
    名：收音机

12. 囲む【かこむ】⓿
    他Ⅰ：包围

13. 貸切【かしきり】⓿
    名：包租

14. 個室【こしつ】⓿
    名：单人房间，包厢

15. 退席【たいせき】⓿
    名/自Ⅲ：退席，离席，退场

11 取消邀请

E-mail本文

To	"林嘉劭"lin05@hotmail.com
Cc	
Bcc	
Subject	新築工場落成式の中止お知らせ

林さん

平素大変お世話になっております。田中です。

突然ですが、来週の弊社第2工場の落成式は中止することになりました。

昨日、工場で火事が発生しました。**幸い**[01]、被害者はございませんが、式を**続行する**[02]のは困難で、中止のお知らせをお送り致す次第いでございます。また、納期に**遅れない**[03]ように今対策を**練り上げております**[1][04]。

ご迷惑を**おかけしてしまい**[2]、誠に申し訳なく存じます。**何卒**[05]、事情をご**高察**[06]のうえ、ご了承くださいますようお願い申し上げます。

まずは取り急ぎ、お詫びかたがたご連絡申し上げます。

田中　翔

****

株式会社日本IC設計 北京支社

営業部 田中 翔

E-mail：tanaka_01@japan-ic.co.jp　TEL：○○○○-○○○○　（内線）○○○

FAX：○○○○-○○○○　〒○○○-○○○

中国北京市○○路○○号○○階

翻译

林先生：

平时承蒙您照顾，我是田中。

事出突然，下个星期敝公司第2工厂的落成典礼中止了。

昨天工厂发生火灾。所幸没有人员伤亡，但是实在很难照常举行典礼，因此通知您中止一事。此外，（我们）现在也在为了不让交期延误而积极制订对策。给您造成困扰，由衷地感到非常抱歉。还望您体察缘由，谅解我们。

先以此跟您致歉以及报告。

田中翔

重点句解说

1. 練り上げております

在日语的文章中，或者在公共场合，或者面对长上的时候，习惯将“…ている”的形态改成“…ておる”。和“…ている”相同，它可以表示动作或者是状态的持续，但是更加尊敬以及礼貌。例如：

今後は二度と同じ事故が起こらないように、様々な予防対策を取り組んで[07]おります。
今后将以不再发生同样事故为念，实施各式各样的预防对策。

この機種は貴社の効率化[08]にとって最適な[09]ものではないかと考えております。
我认为这个机型对于提高贵公司的效率是最佳选择。

2. おかけしてしまい

在日语的文章里面，“…て、…”（动词的テ形）会略作更改，而更改的方式则是用动词的“マス”形，并且去除“ます”。例如：

Ⅰ類動詞 行います→ 行い

Ⅱ類動詞 済ませます → 済ませ

Ⅲ類動詞 発展します[10] → 発展し

另外像文中的“おかけしてしまいます”当然也会变成“おかけしてしまい”。

可能会遇到的句子

1. 不況が続き、予算が厳しくなりましたため、今年の忘年会は取り止め[11]となりました。由于持续不景气，预算变得吃紧，因此今年的年会取消了。

2. 皆の時間はなかなか合わないため、同窓会[12]の時期を変更[13]した方が参加者の数が多いという結論に辿り着きました[14]。

   大家的时间凑不到一起，因此得出更改同学会时间参加人数会较多这样的结论。

3. 会場の予約が取れなかったため、来週のパーティーは中止となりました。

   因为没能订到会场，下星期的聚会中止了。

4. 久しぶりに皆で楽しい一時が過ごせると思っていましたのに残念です。

   原本想说大家好久没有一起玩乐了，真的很遗憾。

必背关键单词

01. 幸い【さいわい】⓪
副：幸而，正好

02. 続行【ぞっこう】⓪
名 / 他Ⅲ：继续执行

03. 遅れる【おくれる】⓪
自Ⅱ：迟到，慢，落后

04. 練り上げる【ねりあげる】④
他Ⅱ：反复琢磨，推敲

05. 何卒【なにとぞ】⓪
副：请，等于どうぞ

06. 高察【こうさつ】⓪
名：明察秋毫，明鉴

07. 取り組む【とりくむ】③
自Ⅰ：着手，解决；全力处理

08. 効率化【こうりつか】⓪
名：效率化，提高效率

09. 最適【さいてき】⓪
名 / ナ：最合适，最适合

10. 発展【はってん】⓪
名 / 自Ⅲ：发展，扩展

11. 取りやめ【とりやめ】⓪
名：中止，停止

12. 同窓会【どうそうかい】③
名：同学会

13. 変更【へんこう】⓪
名 / 他Ⅲ：变更，更改

14. 辿り着く【たどりつく】④
自Ⅰ：达到，到达

01 新进员工通知

E-mail本文

To "社内全体"alldepartment@japan.co.jp

Cc

Bcc

Subject 新入社員入社のお知らせ

社員各位

本日より[1]、新入社員が正式に各**部署**[01]に**配属します**[02]ので、下記通りに連絡致します[2]。

劉 傳廣（リュウ デン コウ）	**事業 推進**[03]本部
呉勝 全（ゴ ショウゼン）	法務部
劉 佳欣（リュウ カキン）	**広報**[04]室
陳 佑億（チン ユウオク）	財務部
施冠 陽（シ カンヨウ）	人事部**採用**[05]課

本件[06]に関する**問い合わせ**[07]は人事部採用**係り**[08]佐藤綾香（内線：○○○）まで。

佐藤綾香

****

人事部採用係り 佐藤綾香

E-mail：satou_ayaka@japan.co.jp

内線：○○○

翻译

各位员工：

今天起新进员工将正式分配至各部门，特通知如下。

刘传广（**リュウ デンコウ**）	事业推广总部
吴胜全（**ゴ ショウゼン**）	法律事务部
刘佳欣（**リュウ カキン**）	宣传部
陈佑亿（**チン ユウオク**）	财务部
施冠阳（**シ カンヨウ**）	人事部

关于本人事通知如有任何疑问，请洽人事部任用负责人佐藤绫香（内线：○○○）。

佐藤绫香

重点句解说

1. 本日（ほんじつ）より

“より”用于表示动作起点的人、事、物。相对于“から”更适合用于文章中，或者正式场合中。例如：

これより、株主総会（かぶぬしそうかい）[09]を開始（かいし）致（いた）します。现在股东大会开始。

只今（ただいま）より、社員親睦運動会（しゃいんしんぼくうんどうかい）を始（はじ）めます。现在，员工和睦运动会开始。

2. …、新入社員（しんにゅうしゃいん）が正式（せいしき）に各部署（かくぶしょ）に配属（はいぞく）しますので、下記（かき）のとおりに連絡致（れんらくいた）します。

由于这是对公司内部全体人员发送的通知信，因此可省略“お疲（つか）れ様（さま）です”（辛苦了）或“いつもお世話（せわ）になっております”（平日承蒙您的照顾）这类招呼语，直接切入主题。不过，由于是对公司内部员工发送的通知信，因此在语气上也需要礼貌一点，可以看到句中使用了“配属（はいぞく）します＋ので”（动词“マス”形+ 表示理由的助词）以及“連絡致（れんらくいた）します”（“致（いた）します”为“します”的敬语）。并且，如果是在日资公司，在中文名字后加上名字的读音是比较亲切的行为。

可能会遇到的句子

1. 本日(ほんじつ)、新(あたら)しい社員(しゃいん)を迎(むか)えて大変(たいへん)うれしく思(おも)います。

   今天很高兴迎来一批新同事。

2. 皆(みな)さんと共(とも)に[10]、会社(かいしゃ)の輝(かがや)く[11]未来(みらい)を目指(めざ)して[12]頑張(がんば)りたいと存(ぞん)じます。

   希望可以和各位一起为了公司美好的将来而努力。

3. 皆(みな)さんと仲良(なかよ)く[13]いい仕事(しごと)をしたいと思(おも)っております。

   希望可以和各位相处融洽，做好工作。

4. まだまだ[14]新人(しんじん)ですが、よろしくお願(ねが)い致(いた)します。

   我还是新人，希望大家多多指教。

必背关键单词

01. 部署【ぶしょ】❶
名：工作岗位，职守

02. 配属【はいぞく】⓪
名 / 他Ⅲ：（人员）分配

03. 事業推進【じぎょうすいしん】❹
名：事业推广

04. 広報【こうほう】❶
名：宣传，报导

05. 採用【さいよう】⓪
名 / 他Ⅲ：采用，录用，任用

06. 本件【ほんけん】❶
名：本案，这件事

07. 問い合わせ【といあわせ】⓪
名：询问，质问

08. 係り【かかり】❶
名 / 尾：担任者，负责……的人

09. 株主総会【かぶぬしそうかい】❺
名：股东大会

10. 共に【ともに】⓪
副：共同，一同，跟随

11. 輝く【かがやく】❸
自Ⅰ：光耀，闪耀

12. 目指す【めざす】❷
他Ⅰ：以……作为目标

13. 仲良く【なかよく】❸
副：亲密，关系好

14. まだまだ ❶
副：仍，尚，还

了解关键词之后，也要知道怎么写，试着写在下面的格子里。

02 搬迁通知

E-mail本文

To "佐藤拓也"@japan.com.tw

Cc

Bcc

Subject 店舗移転のご挨拶

佐藤拓也 様

初夏の候、貴社ますますご繁栄のこととお慶び申し上げます。平素は格別のお引き立てを賜り、**有難く**[01]厚く御礼申し上げます。

さて、この度、幸福電気は**左記**[1.02]に移転し、2016年5月15日より営業の運びとなりました。新店舗は以前**より広く**[2]、**至る所**[03]まで照明を**施し**[04]、より快適な買い物ができるよう工夫しております。また、従業員の素質を**高める**[05]ための教育システムも**補強し**[06]、様々の**ニーズ**[07]にご対応できるものと存じます。

皆様のご期待にお答え出来ますよう励む所存でございますので、何卒倍旧のお引き立てのほどお願い申し上げます。

新住所：北京市○○路○○号
新電話番号：○○○○-○○○○　新FAX番号：○○○○-○○○○
陳與水

****

幸福電気
店長　陳與水

E-mail：chen05@hotmail.com　TEL：○○○○-○○○○　（内線）○○○

FAX：○○○○-○○○○　〒○○○-○○○

中国北京市○○路○○号○○階

翻译

佐藤拓也先生：

初夏之际，敬祝贵公司日益兴隆。平时承蒙您特别关照，非常感激，特此致谢。

这次幸福电器搬迁到下面新的地址，并于2016年5月15日开始营业。新的店面比以前更大，到处都设置了照明设备，努力使顾客能更轻松愉快地购物。此外，也加强了提高营业人员素质的教育体系，相信可以应对各种不同的需求。我们将会努力精进以不负各位所望，还请给予我们更多关照。

新地址：北京市〇〇路〇〇号

新电话号码：〇〇〇〇-〇〇〇〇

新传真号码：〇〇〇〇-〇〇〇〇

陈与水

重点句解说

1. 左記

日语书信的直式写法和中文一样是从右写到左，因此像这类另外附注的内容会写在文章的左边，因此才有“左記”这种说法。此种说法在电子邮件也通用，只是所指的内容在文章的下方，意思和“下記”相同。

2. より広く

“より”放在名词之后是以助词的身份来表示“比较”的意思，但是放在形容词（イ，ナ）之前时，则是以副词形态来修饰后面的形容词，意思为“更加，越”，可和“一層”“更に”替换。

来年に入ると、家電業界はより/一層/更に激しい競争が繰り広げる[08]だろう。

到了明年，家电业将会展开更加激烈的竞争吧。

今年は“より明るい未来”を会社のキャッチフレーズ[09]と決定しました。

今年决定把“更辉煌的未来”作为公司宣传标语。

可能会遇到的句子

1. 専用駐車場を備えて[10]おり、より便利な買い物ができると存じます。

   备有专用停车场，相信（顾客）能更方便地购物。

2. 店舗移転に伴い[11]、ご愛顧感謝セール[12]を開催致します。

   随着店面搬迁，我们也将举办回馈老顾客特卖会。

3. 営業再開[13]当日、お買い上げ[14]のお客様に、1000ポイント[15]を進呈させていただきます。重新开张当天，凡消费的顾客，皆可获得1 000积分。

4. 5000円以上のお買い上げの場合は送料無料とさせていただきます。

   凡消费5 000日元以上者，免运费。

必背关键单词

01. 有難い【ありがたい】❹
イ：难得的，少有的

02. 左記【さき】❶
名：下列，左边所书

03. 至る所【いたるところ】❷
名 / 副：到处

04. 施す【ほどこす】❸
他 I：施行，施舍

05. 高める【たかめる】❸
他 II：提高，抬高，提升

06. 補強する【ほきょう】⓿
名 / 他 III：强化，补强

07. ニーズ ❶
名：需求，需要

08. 繰り広げる【くりひろげる】❺
他 II：展开，进行

09. キャッチフレーズ ❺
名：广告标语，宣传标语

10. 備える【そなえる】❸
他 II：准备，预备，设置，具有

11. 伴う【ともなう】❸
自他 I：随同，伴随

12. セール ❶
名：销售，特价销售

13. 再開【さいかい】⓿
名 / 自 III：重新进行，再开

14. 買い上げ【かいあげ】⓿
名：购买，收购

15. ポイント ❶
名：分数，点数

03 变更电话号码通知

E-mail本文

To

Cc

Subject 電話番号が変わりました

Bcc[1]
"鈴木里奈"<suzuki_rina@hotmail>;
"佐藤 愛美"<satou_aimi@lownet.tw>;
"鈴木翔"<suzuki_syou@nearwest.tw>

皆さん

こんにちは、蔡です。天気が**段々**[01]温かくなってきましたね。

私の携帯 番 号が**変わりました**[02]から連絡します。

この前携 帯を地下鉄に**落としました**[03]。昨日新 しい携帯を買うときに、ついでに**新しい**[04]番号を契約しました。これからは新しい番号でご連絡ください。**お手数ですが**[2]、登 録よろしくお願いします。

新しい携帯 番 号：○○○-○○○-○○○-○○

では

蔡 欣 怡

翻译

大家好：

我是蔡（欣怡）。天气变得越来越暖和了呢。

我的手机号码更改了，所以告知大家一下。

之前手机掉在地铁里了。昨天去买新手机时，就顺便办了个新号码。以后就请用新号码和我联系。望惠存。

新的手机号码：○○○-○○○-○○○-○○

蔡欣怡

日文E-mail
语法重点
解析

重点句解说

1. Bcc

这是一封手机遗失，购买新手机以及申请新号码之后通知日籍友人的电子邮件。需要注意的是，对你来讲大家都是你朋友，但是朋友之间并不见得都互相认识。日本近几年来对于个人隐私相当地注重，因此在这种情况下，最好使用Bcc（密秘抄送）来发送邮件。若是将所有人的邮件地址全部都打在To（收件者）里面的话，这些朋友里面，或许就会有人认为你是个不可靠的人了。其实不管是不是写邮件给日本人，学会在适当时机使用Bcc是相当重要的。

2. お手数(てすう)ですが

“お手数(てすう)ですが”（虽然有点麻烦）里面的“手数(てすう)”是“费事，麻烦”的意思，虽然更改电话号码这件事并不是真的非常麻烦，但是这是一种对对方的礼貌表达。即便是随手小事，只要需要对方动手，都需要某种程度的礼貌表现。“お手数(てすう)ですが”算是最简单的讲法，依照礼貌程度可表述成下列几种：

お手数(てすう)をかけますが…
お手数(てすう)をおかけしますが…
お手数(てすう)をおかけ致しますが…
お手数(てすう)をおかけ申し上げますが…

可能会遇到的句子

1. 元(もと)の番号(ばんごう)は解約(かいやく)しまして[05]、通(つう)じなく[06]なっています。

   原来的号码已经停用，打不通了。

2. 番号(ばんごう)はA社(しゃ)からB社(しゃ)に変(か)えました[07]。号码从A公司换到B公司了。

3. 何(なに)かあったらこの番号(ばんごう)で連絡(れんらく)してください。

   有什么事情的话，请打这个号码跟我联系。

4. この番号(ばんごう)は来週(らいしゅう)から使(つか)えなく[08]なるから、メール[09]で新(あたら)しい番号(ばんごう)を伝(つた)えます[10]。

   这个号码下星期开始就不能使用了，所以写电子邮件告知您新号码。

5. 佐藤(さとう)さんにもこのメールを転送(てんそう)していただけませんか。

   这封信能帮我转给佐藤先生吗？

6. 明日(あした)から1週間海外旅行(しゅうかんかいがいりょこう)なので、用件(ようけん)はショットメール[11]かメールでお願(ねが)いします。明天开始要出国旅行1个星期，有事的话麻烦请发短信或邮件。

必背关键单词

01. 段々【だんだん】❶
副：逐渐，渐渐

02. 変わる【かわる】⓪
自I：变化，改变；奇特

03. 落とす【おとす】❷
他I：弄丢，遗漏，使掉下

04. 新しい【あたらしい】❹
イ：新的，新鲜的

05. 解約【かいやく】⓪
名/他III：解除合约

06. 通じる【つうじる】⓪
自他II：通，通往，接通

07. 変える【かえる】⓪
他II：改变

08. 使える【つかえる】⓪
自II：能使用，可以用，派得上用场

09. メール ❶
名：邮件（一般指电子邮件）

10. 伝える【つたえる】⓪
他II：传达，告诉，转告

11. ショットメール ❹
名：短信

组织变更通知

E-mail本文

To "小林武"takeshi-kobayasi@japan.co.jp

Cc

Bcc

Subject 組織変更のお知らせ

小林　武　様

平素より格別のお引き立てを頂き、誠にありがとうございます。弘揚商事の李耀輝です。

早速ですが、この度弊社は市場情勢の変化**に応じ**[1,01]、業務の効率化と向上を**図る**[02]ために、下記のとおり組織を**改編**[03]致しました。また、担当者職名の異動などの詳細につきましては、**添付ファイル**[2]をご高覧ください。

旧　組織[04]	新組織
営業部－一課	営業部－**アジア**[05]事業課
－二課	－**欧米**[06]事業課

当初[07]は何かとご迷惑をおかけする事もあるかと存じますが、何卒ご理解、引き続きお引き立てを賜りますようよろしくお願い申し上げます。まずは略式ながら書中にてお知らせ申し上げます。

李耀輝

****

株式会社弘揚商事

営業部長　李耀輝

E-mail：li01@hotmail.com

TEL：〇〇〇〇-〇〇〇〇　（内線）〇〇〇

FAX：〇〇〇〇-〇〇〇〇　〒〇〇〇-〇〇〇

中国北京市〇〇路〇〇号〇〇階

翻译

小林武先生：

平时承蒙您特别照顾，真的很谢谢您。我是弘扬商业的李耀辉。

虽然有点仓促，这次敝公司因市场行情的变化，为提升业务以及效率，进行了如下的组织改组。另外，负责人职称变动等详情，敬请参阅附件。

旧组织	新组织
营业部－一科	营业部－亚洲事业科
－二科	－欧美事业科

可能会给您带来许多困扰，还请多加体谅，并请继续给予我们关照。先以简略形式跟您做个书面汇报。

李耀辉

重点句解说

1. …に応じ

“…に応じて”是用来表示“根据前面所接的名词或状况来进行调整”的意思。在这里因为属于比较礼貌性的文章，因此使用“…に応じ”的句型。

お客様の要求に応じ、ネット環境[08]の出張設定[09]サービスを始めました。
应客户的要求，我们开始（提供）到府设定网络环境的服务了。

実働[10]時間に応じて給料[11]が変わります。依照实际工作时间工资会有所不同。

2. 添付ファイル

原则上电子邮件要求简短、简洁，因此在此文中只传达最重要的组织名称变更的信息，如果细节变更比较繁多的话，则可以制作一个详细的对照表格以附件方式发送给对方，这样也可方便对方在适应期间对照使用。

日文E-mail
高频率
使用例句

可能会遇到的句子

1. 組織の変更に伴い、人事異動を行いました。**随着组织改组发生人事变动。**

2. また後日で、ご挨拶にお伺いさせていただきたいです。**我想改天去跟您打个招呼。**

3. 近藤さんが品質管理課へ異動のため、今後は私が窓口[12]として対応させていただきます。因为近藤先生调到品质管理部门，此后将由我为您服务。

4. 組織改編につれて、オフィス[13]も下記の住所に移動致しました。

随着组织改组办公室也迁到下列地址了。

必背关键单词

01. 応じる【おうじる】⓪
自II：按照，接受，应允

02. 図る【はかる】❷
他I：企图，协商

03. 改編【かいへん】⓪
名／他III：改组，改编

04. 旧組織【きゅうそしき】❸
名：旧组织

05. アジア ❶
名：亚洲

06. 欧米【おうべい】⓪
名：欧美

07. 当初【とうしょ】❶
名／副：刚开始，最初

08. ネット環境【ねっとかんきょう】❹
名：网络环境

09. 出張設定【しゅっちょうせってい】❺
名：到府设置

10. 実働【じつどう】⓪
名／自III：实际劳动

11. 給料【きゅうりょう】❶
名：工资，薪水

12. 窓口【まどぐち】❷
名：窗口

13. オフィス ❶
名：办公室，事务所

了解关键词之后，也要知道怎么写，试着写在下面的格子里。

05 临时停业通知

E-mail本文

To "田中　翔"tanaka_01@japan-ic.co.jp

Cc

Bcc

Subject 臨時休業のお知らせ

田中　様

いつも大変お世話になっており、誠にありがとうございます。弘揚商　事の林です。

早速ですが、本件についてご連絡致します。誠に**勝手**[01]ながら[1]、来る6月17日（木）から20日（日）までの4日間、弊社の社員旅行のため、17日（木）と18日（金）を臨時**休業**[02]にさせていただきます[2]。

また、本件に関してのお問い合わせは私（内線○○○）までお願い申し上げます。

ご繁忙の折、皆様には大変ご迷惑をおかけ致しますが、何卒ご了承、ご**協力**[03]くださいますようお願い申し上げます。、

林嘉劭

****

株式会社弘揚商　事

営業　部　林嘉劭

E-mail：lin05@hotmail.com　TEL：○○○○-○○○○　（内線）○○○

FAX：○○○○-○○○○　〒○○○-○○○

中国北京市○○路○○号○○階

翻译

田中先生：

平时非常受您照顾，真的很谢谢您。我是弘扬商业的林（嘉劭）。

可能有点突然，有件事要提前告知您一下。很抱歉，从即将到来的6月17日（星期四）起至6月20日（星期日）止的4天里，因为敝公司员工旅游，17日（星期四）和18日（星期五）将临时停业。

有关此事的咨询，请和我联系（内线○○○）。

在这繁忙的时期里，给各位增添这样大的麻烦，还请多多谅解与协助。

林嘉劭

重点句解说

1. 勝手ながら

“ながら”可以表示两个动作的并行，也可以表示前后接续内容的冲突性，也就是所谓的“逆接”。在这里表示“逆接”，与“…けれども / けれど / けど / が”或者“…のに”的用法类似，前面接续的多为表示状态的动词、形容词或者名词，例如：

新入社員ながら重要なお客様を任したとは、かなり上司に信頼されているようです。

虽然是新进员工，但是却把重要客户交给他，看来他深得上司信任。

寒い[04]ながら外[05]でミニスカート[06]の姿[07]で歩いて[08]いる女の子は結構いる。

虽然很冷，但是外面穿着迷你裙来来往往的女生却挺多的。

2. 臨時休業にさせていただきます

虽然会给对方造成些许不便，但是自己公司的员工旅行当然不用经过对方同意，不过在日语中还是会用“…させていただきます”（让我……）这种句型来表示。这种实际上决定权在自己却还是用“请求对方允许”的句型来表现的情况相当多，原因在于使用这种“假装”请求对方允许的句型，可以将自己行为的独断性减轻，避免听者产生不悦。

誠に勝手ながら、毎週の月曜日を定休日[09]とさせていただきます。

很抱歉，（我方）将每周一作为公休日。

時間になりましたので、式を始めさせていただきます。

因为时间已经到了，所以开始举行典礼。

日文E-mail 高频率使用例句

可能会遇到的句子

1. 納期は遅れないように出荷の日程を調節[10]致しました。

   为了不延误交货，我已经将出货日期进行了调整。

2. 来週の火曜日（24日）から木曜日（26日）まで、私はフランス[11]へ出張しますため、会社にはいません。

   下星期二（24日）开始到星期四（26日），我将去法国出差，所以不在公司。

3. 2月14日は旧暦のお正月[12]のため、台湾では来週から1週間連休[13]となっております。**2月14日是农历新年，因此台湾地区从下周开始放1个星期的假。**

必背关键单词

01. 勝手【かって】⓪
ナ：任意，随便，随意

02. 休業【きゅうぎょう】⓪
名 / 自Ⅲ：停止营业，休息

03. 協力【きょうりょく】⓪
名 / 自Ⅲ：合作，共同努力

04. 寒い【さむい】❷
イ：寒冷的

05. 外【そと】❶
名：外面，室外

06. ミニスカート ❹
名：迷你裙

07. 姿【すがた】❶
名：姿态，身影，打扮

08. 歩く【あるく】❷
自Ⅰ：走，步行

09. 定休日【ていきゅうび】❸
名：定期休假日，公休日

10. 調節【ちょうせつ】⓪
名 / 他Ⅲ：调整，调节

11. フランス ⓪
名：法国

12. 正月【しょうがつ】❹
名：正月，过年，新年

13. 連休【れんきゅう】⓪
名：连续假期，连休

06 研讨会通知

E-mail本文

To "営業部（えいぎょうぶ）"sales_all@japan-ic.co.jp

Cc

Bcc

Subject 【重要】**研修会（けんしゅうかい）**開催（かいさい）のお知（し）らせ

営業職従事者（えいぎょうしょくじゅうじしゃ）　各位（かくい）[1]

営業職従事者各位（えいぎょうしょくじゅうじしゃかくい）の業務知識向上（ぎょうむちしきこうじょう）のため、IC設計（せっけい）と**応用（おうよう）**[01]に関（かん）する**研修会（けんしゅうかい）**[02]を、下記（かき）の要領（ようりょう）で開催致（かいさいいた）します。

ICの設計（せっけい）は日々（ひび）進（すす）んでおり、応用（おうよう）も様々（さまざま）な分野（ぶんや）に**及（およ）んで**[03]おります。お客様（きゃくさま）と上手（じょうず）に**コミュニケーション**[04]をとるために、ICの設計原理（せっけいげんり）と応用（おうよう）に関（かん）しては、エンジニア並（な）み[2]の知識（ちしき）が必要（ひつよう）となってまいります。営業職従事者各位（えいぎょうしょくじゅうじしゃかくい）は、予定（よてい）を調節（ちょうせつ）して**必（かなら）ず**[05]ご参加（さんか）ください。

開催日時（かいさいにちじ）：6月（がつ）27日（にち）（日（に））　10：00～17：00

対象者（たいしょうしゃ）：営業職従事者（えいぎょうしょくじゅうじしゃ）

開催場所（かいさいばしょ）：弘揚（こうよう）ビル（添付（てんぷ）ファイル地図参照（ちずさんしょう））

電話（でんわ）　02－○○○○－○○○○

講師（こうし）：北京大学理工学部教授（ぺきんだいがくりこうがくぶきょうじゅ）　○○○先生（せんせい）

携行品（けいこうひん）[06]：社員証（しゃいんしょう）、筆記用具（ひっきようぐ）

費用（ひよう）：無料（むりょう）（**昼食（ちゅうしょく）**[07]あり、会場（かいじょう）で**ミネラルウォーター**[08]**供給（きょうきゅう）**[09]）

※注意事項（ちゅういじこう）：当日（とうじつ）は社員証（しゃいんしょう）を**持参（じさん）し**[10]、受付（うけつけ）で提示（ていじ）して下（くだ）さい。受付開始（うけつけかいし）は、9：30からです。9：50前（まえ）には受付（うけつけ）の手続（てつづ）きをお済（す）ませ下（くだ）さい。

佐藤（さとう）　光（ひかり）

****

営業部長（えいぎょうぶちょう）　佐藤（さとう）　光（ひかり）

E-mail：satou_01@japan-ic.co.jp　内線（ないせん）○○○

翻译

营业部的各位同仁：

为了提高各位的业务能力，增长业务知识，我部将举办与IC设计与应用相关的研讨会。

IC设计日新月异，应用也遍及各种领域。为了能和顾客顺利沟通，在IC设计的原理及应用方面，势必要有工程师等级的知识。各位营业部同仁，请务必调整时间参加。

举办日期：6月27日（星期日）10：00～17：00

对　　象：营业部同仁

举办场所：弘扬大楼（参考附件地图）

　　　　　电话 ○○○○-○○○○

讲　　师：北京大学理工学院教授　○○○老师

携带用品：员工证，笔记用品

费　　用：免费（附午餐，会场供应矿泉水）

※注意事项：当天请携带员工证并于报到处出示。报到开始时间为9：30。请于9：50前完成报到手续。

佐藤光

重点句解说

1. 営業職従事者（えいぎょうしょくじゅうじしゃ）　各位（かくい）

“各位（かくい）”用于指复数对象时，相当于“皆様（みなさま）”，因此需注意使用“各位（かくい）”时，不可使用“各位様（かくいさま）”这种说法。此外，根据对象不同，使用的敬称也不同。

公司团体：	**日本商事株式会社（にほんしょうじかぶしきがいしゃ）　御中（おんちゅう）**
	日本商事株式会社（にほんしょうじかぶしきがいしゃ）　営業部（えいぎょうぶ）　御中（おんちゅう）
只知对方职称时：	**日本商事株式会社（にほんしょうじかぶしきがいしゃ）　営業部長（えいぎょうぶちょう）　殿（どの）**
知道对方姓名及职称时：	**日本商事株式会社（にほんしょうじかぶしきがいしゃ）　営業部長（えいぎょうぶちょう）　小林（こばやし）　武（たけし）　様（さま）**
不知到负责人是谁时：	**日本商事株式会社（にほんしょうじかぶしきがいしゃ）　採用担当者（さいようたんとうしゃ）　様（さま）**

2. エンジニア並み（な）

“並み（な）”接在名词后面，表示“并列”或“相同程度”。在这里是表示“相同程度”。其他例如：

今回（こんかい）の講師（こうし）はアインシュタイン[11]並み（な）の頭脳（ずのう）[12]の持ち主（もぬし）と言われる（い）名人（めいじん）です。

这次的讲师是人称头脑可比爱因斯坦的名人。

あの財閥は国並みの財力を持っている。

那个富豪富可敌国。

可能会遇到的句子

1. **商品開発の状態を営業職の皆さんにも把握してもらうために、開発部のエンジニアによる説明会を開[13]きます。**

   为了能让各位营业部同仁也能掌握商品开发的状况，举办了由开发部工程师主讲的说明会。

2. **研修会は皆全員参加することになっています。** **研讨会规定全员参加。**

3. **研修報告は一週間後人事部に提出[14]すること。**

   研讨会报告请于一周后交给人事部。

4. **社外研修会に参加する方は各部署の上司の許可を得てお申し込みください。**

   欲参加公司外部研习的人请获得各部门上司许可之后再行报名。

必背关键单词

01. 应用【おうよう】⓿
名 / 他Ⅲ：应用，活用

02. 研修会【けんしゅうかい】❹
名：研讨会

03. 及ぶ【およぶ】⓿
自Ⅰ：达到，匹敌，及得上

04. コミュニケーション ❹
名：交流，沟通

05. 必ず【かならず】⓿
副：一定，必然

06. 携行品【けいこうひん】⓿
名：携带物品

07. 昼食【ちゅうしょく】⓿
名：午餐

08. ミネラルウォーター ❻
名：矿泉水

09. 供給【きょうきゅう】⓿
名 / 他Ⅲ：供给，供应

10. 持参【じさん】⓿
名 / 他Ⅲ：带来，带去

11. アインシュタイン ❺
名：爱因斯坦

12. 頭脳【ずのう】❶
名：智力，头脑

13. 開く【ひらく】❷
自他Ⅰ：开始；打开，张开，展开

14. 提出【ていしゅつ】⓿
名 / 他Ⅲ：提出

07 价格上调通知

E-mail本文

To "中村亮太"ryouta_nakamura@japan.co.jp

Cc

Bcc

Subject **価格**[01]**改定**[02]のお知らせ

中村様

いつもお引き立て頂き、誠にありがとうございます。弘揚商事の陳です。

さて、大変申しにくいことでございますが、最近弊社の鉛電池の**原材料**[03]である**鉛**[04]の市場価格が**高騰**[05]を続けており、従来の価格を**維持**[06]することが**困難な状況となっております**[1]。つきましては、大変心苦しく存じますが、**6月22日をもちまして**[2]、添付ファイルの改定価格表の通りに価格を変更させていただく、ご協力を要請する次第でございます。

弊社と致しましては、これを**契機**[07]に一層の品質の向上に取り組み、更なるご満足をいただけるよう精励致す所存です。何卒ご賢察のうえご**承引**[08]くださいますよう、謹んでお願い申し上げます。

まずはお詫びかたがた、お願い申し上げます。

陳冠宇

****

株式会社弘揚商事
営業部 陳冠宇

E-mail：chen01@hotmail.com TEL：○○○○-○○○○ （内線）○○○

FAX：○○○○-○○○○ 〒○○○-○○○

中国北京市○○路○○号○○階

翻译

中村先生：

平时受您照顾，真的很谢谢您。我是弘扬商业的陈（冠宇）。

虽然很难以启齿，不过因为最近敝公司铅电池的原料——铅的市场价格一直持续高涨，要维持原本的价格变得相当困难。因此，抱歉地通知您，我们将于6月22日起，（将产品价格）变更为附件里价格修订表上的价格，并请贵公司协助配合。

敝公司将以此为契机，努力提升服务品质，更上一层楼，让贵公司能够更加满意。敬请明察并允诺涨价一事。

以此向您致歉并请求您的协助。

陈冠宇

重点句解说

1. 困難な状況となっております

“…となる”是用来表示物品或者事情的变化，接在名词或者ナ形容词之后。不过因为“…となる”有是变化之后的最终结果、状态的含意，因此适用于变化的结果已经确定的情况。

今回の価格改定は全商品が対象となっております。

这次的价格调整对象为全部商品。

設計ミスを発見[09]したため、この商品の販売は一旦[10]中止となりました。

因为发现设计失误，这个商品暂停出售。

2. 6月22日をもちまして

“をもって”可用来表示时间或者状况，借以告知事情或者活动的结束。而“をもちまして”则比“をもって”更为礼貌，仅限于正式场合使用。

只今[11]をもちまして、説明会はこれで終了とさせていただきます。

现在，说明会就此结束。

今月の13日をもちまして、年内業務を終了とさせていただきます。

这个月的13日，将结束年内业务活动。

可能会遇到的句子

1. 原料の仕入先[12]から卸価格の値上げ[13]通達[14]が来ました。

   原料的供应商送来了批发价格的涨价通知。

2. 弊社におきましては、輸入ルート[15]の変更や経費[16]削減などの方法を取り組んでおりました。敝公司也采取了变更进口管道或削减经费等方法。

3. 現在の品質を保持するためには、不本意ながら価格改定を行わざるを得なくなりました。为保持现有品质，不得已重新定价了。

4. 現在の価格では、とても採算[17]が取れなくなり、赤字[18]が出ました。

   现在的价格已经无法收支平衡，而是产生赤字了。

必背关键单词

01. 価格【かかく】❶
名：价格

02. 改定【かいてい】⓿
名 / 他Ⅲ：重新规定，改变

03. 原材料【げんざいりょう】❸
名：原料

04. 鉛【なまり】⓿
名：铅

05. 高騰【こうとう】⓿
名 / 自Ⅲ：高涨

06. 維持【いじ】❶
名 / 他Ⅲ：维持

07. 契機【けいき】❶
名：契机，转机

08. 承引【しょういん】⓿
名 / 他Ⅲ：承诺，允诺

09. 発見【はっけん】⓿
名 / 他Ⅲ：发现

10. 一旦【いったん】⓿
副：姑且，暂且，如果

11. 只今【ただいま】❷
副：现在，刚刚，马上

12. 仕入先【しいれさき】⓿
名：供应商

13. 値上げ【ねあげ】⓿
名：涨价，调涨

14. 通達【つうたつ】⓿
名 / 自他Ⅲ：通知，通告

15. ルート ❶
名：道路，途径

16. 経費【けいひ】❶
名：经费，开支

17. 採算【さいさん】⓿
名：核算，收支平衡

18. 赤字【あかじ】⓿
名：赤字

08 价格下调通知

E-mail本文

To "中村(なかむら)亮太(りょうた)"ryouta_nakamura@japan.co.jp

Cc

Bcc

Subject **メモリー**[01]**値下(ねさ)げ**[02]について

中村(なかむら)様(さま)

平素(へいそ)はご愛顧(あいこ)を賜(たまわ)り、誠(まこと)にありがとうございます。弘揚商事(こうようしょうじ)の陳(ちん)です。

さて、この半年(はんとし)、当社(とうしゃ)のメモリーの生産技術(せいさんぎじゅつ)が更(さら)なる**熟(じゅく)し**[03]、**オートメーション**[04]**化(か)による人件費(じんけんひ)**[05]**の削減(さくげん)**[1]が実現(じつげん)できました。つきましては、日頃(ひごろ)ご支援(しえん)を頂(いただ)く皆様方(みなさまがた)への感謝(かんしゃ)の気持(きも)ちを**形(かたち)**[06]に**するべく**[2]、来月(らいげつ)よりパソコン及び**ノートパソコン**[07]用(よう)メモリーの**仕切値(しきりね)**[08]の値下(ねさ)げを実施(じっし)することに致(いた)しました。

弊社(へいしゃ)と致(いた)しましては、これを機会(きかい)により一層(いっそう)の**サービス**[09]に努(つと)めさせていただく所存(しょぞん)ですので、何卒(なにとぞ)今後(こんご)とも倍旧(ばいきゅう)のお引(ひ)き立(た)てのほどをよろしくお願(ねが)い申(もう)し上(あ)げます。

取(と)り急(いそ)ぎご連絡(れんらく)まで失礼致(しつれいいた)します。

陳冠宇(ちんかんう)

****

株式会社弘揚商事(かぶしきがいしゃこうようしょうじ)

営業部(えいぎょうぶ) 陳冠宇(ちんかんう)

E-mail：chen01@hotmail.com

TEL：○○○○-○○○○ （内線(ないせん)）○○○

FAX：○○○○-○○○○

〒○○○-○○○

中国北京市(ちゅうごくぺきんし)○○路(ろ)○○号(ごう)○○階(かい)

翻译

中村先生：

平常承蒙您惠顾，真的非常感谢。我是弘扬商业的陈（冠宇）。

这半年，本公司存储器的生产技术更加成熟，采取自动化后人工费用也得以减少。这都是因为贵公司乃至各界的鞭策、支援，在此再次郑重道谢。

因此，对于平时给予帮助的各界的感谢之意必须化为有形，我们从下个月起，将针对电脑及笔记本电脑使用的存储器的成交价格实施降价。

敝公司将借由此机会提升我们的服务，还请各界也能够比以往更加地给予我们关照。

陈冠宇

重点句解说

1. オートメーション化（か）による人件費（じんけんひ）の削減（さくげん）

“…による”可用来表示动作主体或者事情发生的原因或根据，在这里是指事情发生的原因。所以是指“因自动化带来了的人工费用精简的结果”。

大量生産（たいりょうせいさん）によるコストダウン[10]は商品（しょうひん）を更（さら）に安（やす）くする。

因大量生产得以降低成本，并让商品更加便宜。

事故（じこ）による負傷者（ふしょうしゃ）は今年（ことし）も一人出（ひとりで）ません。

因事故受伤的人员今年一个人都没有。

2. するべく

“べく”为助动词“べし”的中止用法，用来表示理所当然的事情，或者应当做的事情。另外也常见“べからず”这种说法来表示“不应该”的意思。

初心（しょしん）[11]忘（わす）れるべからず 勿忘初衷

働（はたら）かざるもの食（く）う[12]べからず 天下没有不劳而获的事

可能会遇到的句子

日文E-mail
高频率使用例句

1. 価格改定は来月納入分よりとさせていただきます。
   价格调整从下个月出货的部分开始计算。

2. 開発当初の予想[13]を大幅に上回る[14]売上実績を呈して[15]おります
   缴出远超过开发初期预测的销售成绩。

3. 僅か[16]ながらではありますが、ハードディスク[17]10個入り[18]2%割引[19]とさせていただきます。虽然只有一点点，不过10个装的硬盘将降价2%。

4. 在庫処分[20]のため、添付ファイルの一覧リスト[21]の商品に対して半額[22]セールを行います。为了仓库出清，将对附件内一览表中的商品进行半价特卖。

必背关键单词

01. メモリー ❶
名：存储器；记忆

02. 値下げ【ねさげ】⓿
名：降价

03. 熟する【じゅくする】❸
自Ⅲ：成熟，熟练

04. オートメーション ❹
名：自动化

05. 人件費【じんけんひ】❸
名：人工费

06. 形【かたち】❷
名：形态，形状

07. ノートパソコン ❹
名：笔记本电脑

08. 仕切値【しきりね】⓿
名：成交价，售价

09. サービス ❶
名：服务，招待

10. コストダウン ❶
名：生产成本下降

11. 初心【しょしん】⓿
名/ナ：初衷，初学

12. 食う【くう】❶
他Ⅰ：吃，“食べる”的粗俗讲法

13. 予想【よそう】⓿
名/他Ⅲ：预料，预测

14. 上回る【うわまわる】❹
自Ⅰ：超出，超过

15. 呈する【ていする】❸
他Ⅲ：呈现，呈递，交出

16. 僅か【わずか】❶
副/ナ：仅，少，微小

17. ハードディスク ❹
名：硬盘

18. 入り【いり】⓿
名：装有，带有

19. 割引【わりびき】⓿
名/他Ⅲ：打折，折扣

20. 処分【しょぶん】❶
名/他Ⅲ：处理，处分，卖掉

21. .リスト ❶
名：一览表，目录

22. 半額【はんがく】⓿
名：半价

09 商品停止生产通知

E-mail本文

To: "中村 亮太"ryouta_nakamura@japan.co.jp

Cc:

Bcc:

Subject: IX**シリーズ**[01]の生産中止のお知らせ

中村様

いつもお世話になり、ありがとうございます。弘揚商事の陳です。

さて、この度、弊社が製造するIC、IXシリーズの生産を今月末をもちまして**中止することになりました**[1]。これまでIXシリーズをご愛用くださいまして、心より感謝しております。本当にありがとうございました。

尚、IXシリーズの進化を実現し、より高性能**且つ**[02]低価格のUXシリーズICが生産開始となりますので、**よろしく**[03]**ご検討くださいますようお願い申し上げます**[2]。

まずは、略儀ながら書中にてお知らせかたがたご挨拶を申し上げます。

陳冠宇

****

株式会社弘揚商事
営業部　陳冠宇

E-mail：chen01@hotmail.com　TEL：○○○○-○○○○　（内線）○○○

FAX：○○○○-○○○○　〒○○○-○○○

中国北京市○○路○○号○○階

翻译

中村先生：

平时承蒙您照顾，谢谢您。我是弘扬商业的陈（冠宇）。

这次敝公司所研制的IC、IX系列产品的生产，将于这个月月底中止。承蒙您喜欢用IX系列产品，我们由衷感激。真的非常谢谢您。

另外，实现IX系列的进化，并拥有高性能及低廉价格的UX系列产品将开始生产，请您考虑一下。

先以简略的书面形式，跟您传达此事并向您致上问候。

陈冠宇

日文E-mail
语法重点解析

重点句解说

1. 中止(ちゅうし)することになりました

“…になる”用来表示事情或者动作的结果。但是属自然发展而成的结果，或者是因其他因素影响而成的结果。例如：

諸事情(しょじじょう)によりまして、休業(きゅうぎょう)することになります。

因为诸多因素，将停止营业。

来年(らいねん)から社会人(しゃかいじん)[04]になります。

明年开始就成为社会人士了。

2. よろしくご検討(けんとう)くださいますようお願(ねが)い申(もう)し上(あ)げます

由于“よろしくお願(ねが)いします”这句太常使用了，常常会让人忘记“よろしく”这个副词本身的作用。“よろしく”是在请求对方给予自己方便，或者让对方对自己产生好感时使用的副词，亦或者是包含此类语气的招呼语，因此文中句子未经润饰的原意如下：

よろしく　ご検討(けんとう)くださいますよう　お願(ねが)い申(もう)し上(あ)げます。

安排 / 处理　（帮我 / 为我）讨论　　拜托您了

请您（帮我）安排 讨论（事宜）→请您考虑一下。

也就是说在这里“よろしく”并不是如“よろしくお願(ねが)いします”这句话里面所表示的“关照”的意思，而是请对方给予方便。其他用法例句：

よろしく お伝(つた)えください。
适当　替我转达。

这里委托对方代为转达可依照状况不同，解释成“转达慰问、问安、怀念”。请记住“よろしく”不仅仅有“关照”这个意思。

日文E-mail 高频率使用例句

可能会遇到的句子

1. 長年(ながねん)に渡(わた)る[05]ご愛顧(あいこ)に心(こころ)から感謝申(かんしゃもう)し上(あ)げます。 **由衷感谢您长年的惠顾。**
2. A社(しゃ)との代理関係(だいりかんけい)は今年(ことし)で終(お)わりますので、来年以後(らいねんいご)A社(しゃ)すべて[06]の食品(しょくひん)の販売(はんばい)は中止(ちゅうし)となります。
   和A公司的代理关系于今年结束，因此明年开始，A公司所有食品的出售将中止。
3. よりご満足(まんぞく)[07]のサービスを提供致(ていきょういた)すため、店内改装(てんないかいそう)を執(と)り行(おこな)います。
   为提供更让您满意的服务，我们即将进行店内改装。
4. プリンター[08]のカートリッジ[09]に欠陥(けっかん)[10]が発見(はっけん)されたため、一旦販売(いったんはんばい)を中止(ちゅうし)し、回収(かいしゅう)を行(おこな)います。 **因为发现墨水管心有缺陷，因此暂时停止贩卖并进行回收。**

必背关键单词

01. シリーズ ❷
名：系列，丛书

02. 且つ【かつ】❶
副/接：……且……；并且

03. よろしく ❷
副：适当，应该，请关照，请指教

04. 社会人【しゃかいじん】❷
名：社会人士

05. 渡る【わたる】⓿
自Ⅰ：渡，过，迁徙

06. すべて ❶
名/副：一切，全部，总共；全部

07. 満足【まんぞく】❶
名/自Ⅲ：满足，满意；符合要求

08. プリンター ❷
名：印刷机，打印机

09. カートリッジ ❹
名：墨水管心

10. 欠陥【けっかん】⓿
名：缺陷，缺点

10 出货通知

E-mail本文

To "楊右行" yang01@hotmail.com

Cc

Bcc

Subject 注文[01]番号210-35の出荷のご通知

楊　様

いつもお世話になっております。浜田です。

早速ですが、**2016年3月21日付**[1]で、ご注文を頂きました**標記**[02]の車**ブレーキ**[03]制御IC300個、本日**船便**[04]にて発送致しましたので、ご通知申し上げます。到着致しましたら、ご査収くださいますようお願い申し上げます。

尚、物品**受領書**[05]は別途で郵送致します。誠にお手数とは存じますが、商品内容ご確認の後、受領書にご**署名**[06]とご**捺印**[07]の上、**ファックス**[08]**又は郵送**[2]にて、弊社までご返送くださいますようお願い申し上げます。

まずは取り急ぎ出荷のご案内まで申し上げます。

浜田浩二

****

株式会社日本商事

海外事業本部電子部品課　浜田浩二

E-mail：kouji-hamada@japan.co.jp

TEL：○○○○-○○○○　（内線）○○○

FAX：○○○○-○○○○　〒○○○-○○○

日本国東京都○○区○○町○○丁目○○－○○

翻译

杨先生：

平时承蒙您照顾。我是滨田。

我就开门见山了，2016年3月21日您订购的如标题所示的车用刹车控制IC300个，已于今日装船发出了，跟您知会一声。货到之后请您查收。

此外商品收据将另行邮寄。虽然很麻烦您，但是请您在确认商品内容无误之后，于收据上签名或盖章再以传真或者邮寄的形式回传给敝公司。

先跟您报告出货事宜。

滨田浩二

日文E-mail
语法重点解析

重点句解说

1. 2016年3月21日付

由动词“付ける”的连用形转化而来的“付け”，是接在日期后面，表示书信等文书发文的日期，在文中指的就是“收到订单的日期是2016年3月21日”。注意念法是“づけ”而不是“つけ”。

10月11日付の申込書は、既に[09]処理済で、これからは入会手続き案内書を発送する段階です。 10月11日的申请书已经处理完毕，接下来将进入邮寄入会手续说明的阶段。

2016年4月1日付の但書[10]には、納品延滞[11]の責任問題について明記してある。
2016年4月1日的说明里，有记载关于交货延迟时的责任问题。

2. ファックス又は郵送

在这里要注意“又は”是个接续词，是用来表示两种或两种以上的选择性。相较之下，“又”之后所接的内容比较接近备选的感觉，而“又は”则是一开始就提供两个方案。

クレジットカード[12]、又は口座振替[13]でのお支払い[14]は可能です。
可以使用信用卡或者账户转账的方式支付。

何かご不明の点がございましたら、電話、又はメールでお問い合わせください。

有任何不清楚之处，请来电或以电子邮件咨询。

日文E-mail
高频率使用例句

可能会遇到的句子

1. **物品受領書は商品到着予定日に合わせてお送り致します。**

   货品收据将会配合到货预定日期寄送。

2. **商品と一緒に弊社のカタログを同封[15]させていただきましたので、ご高覧いただければでございます。**

   连同商品一起寄送敝公司的目录，如果您能亲阅是我们的荣幸。

3. **ご指定納期10月10日の前に、貴社に着荷[16]致すように発送手配しております。**

   现在正在安排，以便在贵公司指定日期的10月10日之前寄到贵公司。

必背关键单词

01. 注文【ちゅうもん】⓿
名 / 他Ⅲ：订购，订货，要求

02. 標記【ひょうき】❶
名 / 他Ⅲ：标上题目，标记，标示

03. ブレーキ ❷
名：制动器，刹车

04. 船便【ふなびん】⓿
名：通航，通船，海运

05. 受領書【じゅりょうしょ】⓿
名：收据，验收单据

06. 署名【しょめい】⓿
名 / 自Ⅲ：署名，签名

07. 捺印【なついん】⓿
名 / 自Ⅲ：盖章

08. ファックス ❶
名：传真

09. 既に【すでに】❶
副：已经，即将

10. 但書【ただしがき】⓿
名：附加说明

11. 延滞【えんたい】⓿
名 / 自Ⅲ：滞延

12. クレジットカード ❻
名：信用卡

13. 口座振替【こうざふりかえ】❻
名：账户转账

14. 支払い【しはらい】⓿
名 / 他Ⅲ：支付，付款

15. 同封【どうふう】⓿
名 / 他Ⅲ：附在信内，和信一起

16. 着荷【ちゃっか】⓿
名：货物运到，到货

11 到货通知

E-mail本文

To "浜田浩二"kouji-hamada@japan.co.jp

Cc

Bcc

Subject 着荷のご通知

浜田　様

いつもお世話になっております。弘揚商事の楊です。

早速ですが、4月3日付にてご出荷の品（注文番号210－51・200個）、本日**相違なく**[01] **着荷致しましたので**[1]、ご通知及びお礼を申し上げます。

納品書[02]**と照合**[03]**の上**[2]、**検品**[04]致しましたが、全商品異常ございませんでした。
納品受領書[05]は捺印済み、先ほどファクスにてお送り致しましたので、ご確認のほどよろしくお願い申し上げます。

取り急ぎ着荷のご通知かたがたお礼まで失礼致します。

楊右行

****

株式会社弘揚商事
営業部楊右行

E-mail：yang01@hotmail.com

TEL：○○○○-○○○○　（内線）○○○

FAX：○○○○-○○○○　〒○○○-○○○

中国北京市○○路○○号○○階

翻译

滨田先生：

平时承蒙您照顾。我是弘扬商业的杨（右行）。

跟您报告一下，4月3日出货的商品（订单号210-51，200个）于今天抵达，内容无误，特此告知您并致上谢意。

和交货单对照后进行验货，全数商品并无异常。商品收据已经盖完章，刚才传真过去了，请确认。

特此先告知您货品到了，并致上谢意。

杨右行

重点句解说

1. 相違(そうい)なく着荷致(ちゃっかいた)しました

“相違(そうい)なく”是“完全一致”的意思，用于表示和对照基准并无不同，所以这句的意思是“货品送抵，内容和订单内容一致”。而类似这种情况还可用“間違(まちが)いなく”“確(たし)かに”等表达方式，例如：

昨日(きのう)発送(はっそう)していただいた品物(しなもの)[06]は、間違(まちが)いなく[07]届(とど)きました[08]。
昨天寄送的物品抵达了，内容无误。

申込書(もうしこみしょ)は確(たし)かに受(う)け取(と)りました。 申请书确实已经收到了。

另外，“相違(そうい)なく”与“間違(まちが)いなく”是名词后面接上“ない”所产生的表示否定的形容词的中止形。

2. 納品書(のうひんしょ)と照合(しょうごう)の上(うえ)

“上(うえ)”用于表示某动作做完后马上接着根据前面的动作进行另一动作。因此在这里是表示对照过商品的种类跟数量之后进行下一动作。通常中文翻为“……之后”。

個人資料をご記入の上、3番窓口までお手続きください。

请填妥个人资料后，到3号窗口办理手续。

まず電話でご確認の上、ご予約いただきますようお願い申し上げます。

麻烦请用电话确认之后再进行预约。

可能会遇到的句子

1. 迅速でご丁寧に発送の手配を頂き、誠にありがとうございました。

   真的很谢谢您迅速且周详地处理寄送事宜。

2. 注文番号2100421－Aの車部品SL20、30個入10ケース計300個は、本日着荷致しました。

   订购号为2100421－A的汽车零件SL20，每箱30个装10箱共计300个，于今天抵达了。

3. お蔭様で予定通り組み立て[09]ができます。**多亏您才得以依照预定进行组装。**

4. お支払いは貴社のご指定口座へ12月1日までに振込みます[10]。

   货款将于12月1日汇入贵公司指定的账号。

必背关键单词

01. 相違ない【そういなく】❹
イ：没有差异

02. 納品書【のうひんしょ】⓪
名：交货单

03. 照合【しょうごう】⓪
名／他III：对照，核对

04. 検品【けんぴん】⓪
名／他III：检查产品

05. 納品受領書【のうひんじゅりょうしょ】⓪
名：商品收据

06. 品物【しなもの】⓪
名：物品，东西

07. 間違いない【まちがいなく】❸
名：错误，错过，不确实

08. 届く【とどく】❷
自I：送达，到达

09. 組み立て【くみたて】⓪
名：组装

10. 振込む【ふりこむ】❸
他I：存入，汇入

寄送产品目录通知

E-mail本文

To　"楊婷儀" yang02@hotmail.com

Cc　　　　　Bcc

Subject　カタログ発送のお知らせ

楊　様

いつもご利用頂き、誠にありがとうございます。日本商事北京支社の中野です。

早速ですが、先日ご**用命**[01]頂きました弊社自転車部品のカタログを本日、**書留**[1.02]で発送致しましたので、ご通知申し上げます。何卒ご検討くださいますようお願い申し上げます。

尚、カタログの記載事項にご不明な場合は、ご一報頂ければ、私が**ご説明に伺います**[2]ので、よろしくお願い致します。

取り急ぎお知らせまで失礼致します。

中野翔太

****

株式会社日本商事北京支社

営業部　中野翔太

E-mail：nakano_syouta@japan.com

TEL：○○○○-○○○○　（内線）○○○

FAX：○○○○-○○○○　〒○○○-○○○

中国北京市○○路○○号○○階

翻译

杨小姐：

平时承蒙您使用本公司产品，真的很谢谢您。我是日本商业北京分公司的中野。

跟您知会一声，前几天您吩咐的敝公司自行车产品目录，今天已经用挂号信寄出。希望您能多多参考。

另外，商品目录里如果有什么不清楚的地方，请告诉我，我会前往说明，还请多多指教。

先以此告知您一声，并致上谢意。

中野翔太

日文E-mail
语法重点解析

重点句解说

1. 書留

“書留”就是我们所说的挂号信，另外还有“**普通郵便**[03]”（平信），“**速達**[04]”（急件），“**配達証明**[05]**付き書留**”（双挂号信），“**小包**[06]”（包裹），“**印刷物**”（印刷品）等常用表达等。

2. ご説明に伺います

“に”可用来表示目的，接在动词的“ます”形或第3类动词语干之后，例如：

鈴木さんは倉庫へお客さんに送るサンプルを取りに行った。
铃木去仓库拿要送给客户的样品了。

これから取引先[07]と交渉[08]に行く。接下来要去和客户商谈。

此外，若实现目的的场所是说话者和听话者已有共识、或非谈话主题时，可如本文或上述例句，将其省略。

日文E-mail
高频率使用例句

可能会遇到的句子

1. 本年度版カタログが出来上がりました[09]ので、ご送付[10]申し上げます。

本年度的商品目录制作好了，所以寄送给您。

2. 最新版のカタログの中に、新商品は多数掲載致しており、より多様[11]な選択を提供しております。

最新版的商品目录中刊登了许多新商品，为您提供更多样的选择。

3. 新しいカタログは現在大至急[12]作っております。

新的商品目录现在正在紧急制作中。

4. ウェブサイト[13]で掲載する電子カタログは新商品のみとなっております。

网站上刊登的电子商品目录里只显示最新商品。

必背关键单词

01. 用命【ようめい】⓿
名：吩咐，嘱咐

02. 書留【かきとめ】⓿
名：挂号信

03. 普通郵便【ふつうゆうびん】❹
名：平信

04. 速達【そくたつ】⓿
名：急件，快递

05. 配達証明【はいたつしょうめい】❺
名：投递证明

06. 小包【こづつみ】❷
名：包裹

07. 取引先【とりひきさき】⓿
名：客户，往来对象

08. 交渉【こうしょう】⓿
名／自Ⅲ：商谈，谈判

09. 出来上がる【できあがる】⓿
自Ⅰ：完成，做好

10. 送付【そうふ】❶
名／他Ⅲ：寄送，递送

11. 多様【たよう】⓿
ナ：多种多样

12. 大至急【だいしきゅう】❸
名：非常紧急

13. ウェブサイト ❸
名：网站

了解关键词之后，也要知道怎么写，试着写在下面的格子里。

13 寄送估价单通知

E-mail本文

To "楊婷儀" yang02@hotmail.com

Cc

Bcc

Subject **見積書**[01]送付のご案内

楊 様

平素は格別のご愛顧を賜わり厚くお礼申し上げます。日本商事の中野です。先日はお忙しい中、**貴重な**[02]お時間を頂き、大変ありがとうございました。

早速ですが、先日**打ち合わせ**[03]の内容**に基づき**[1·04]、見積書を作成致しましたので、添付ファイルにてお**送り**[05]致します。ご査収のほどよろしくお願い申し上げます。

見積価格につきましては、**できる限り**[2]お値段を抑えておりますので、是非ご用命くださいますようお願い申し上げます。

尚、見積書にご不明な点がございましたら、私（内線○○○）までご連絡ください。

中野翔太

****

株式会社日本商事台北支社

営業部　中野翔太

E-mail：nakano_syouta@japan.com

TEL：○○○○-○○○○　（内線）○○○　FAX：○○○○-○○○○

〒○○○-○○○

中国北京市○○路○○号○○階

翻译

杨小姐：

平时承蒙您特别照顾，在此深深地感谢您。我是日本商业事的中野。日前承蒙您百忙之中拨空（询问），真的很谢谢您。

我已经根据日前开会的内容，做好了估价单，放在邮件附件里发送给您。敬请查收。

我们已经尽可能地压低价格了，因此恳请务必向我们订购。

另外，估价单里若有不明白之处，请与我联系（内线○○○）。

中野翔太

重点句解说

1. …に基(もと)づき

当你要表示基于某种事实或者根据做出决定、得出结论时可以使用“…に基(もと)づいて”这种表达。而“基(もと)づく”本身是一个动词，因此在句中会有“基(もと)づき”“基(もと)づいて”“基(もと)づいた”等用法，例如：

前回(ぜんかい)の経験(けいけん)[06]に基(もと)づいて作成(さくせい)した新(あたら)しい計画書(けいかくしょ)です。

根据上次经验制作的新计划书。

この映画(えいが)は25年前(ねんまえ)実際(じっさい)に起(お)こった[07]事件(じけん)に基(もと)づいた作品(さくひん)です。

这部电影是根据25年前真实发生的案件所拍摄的作品。

2. できる限(かぎ)り

“限(かぎ)り”是动词“限(かぎ)る”（限制，限定）的名词形式，当“限(かぎ)り”接在名词或者动词后面时，可以用来表示前面接的名词或者动词的极限或者完全的意思，因此文中的“できる限(かぎ)り”就是表示“尽可能”，其他例如：

この会社(かいしゃ)にいる限(かぎ)り、出世(しゅっせ)[08]する日(ひ)が訪(おとず)れな[09]いだろう。

只要待在这公司，就不会有出人头地的一天吧。

力(ちから)の限(かぎ)り頑張(がんば)りたいと思(おも)います。

尽所有能力去努力。

可能会遇到的句子

1. 貴社の予算及びご要望に合わせ、見積書を作成致しました。

   根据贵公司的预算以及要求，做好估价单了。

2. 精一杯[10]の価格を提示するつもりでございます。

   我提出最有诚意的价格了。

3. 開発費と生産費をそれぞれ[11]項目を立て[12]、見積書を作成致しました。

   将开发费用和生产费用各自分项做成了估价单。

4. 見積書の有効期限一ヶ月となります。估价单的有效期限为一个月。

必背关键单词

01. 見積書【みつもりしょ】⓪
名：估价单

02. 貴重【きちょう】⓪
ナ：贵重，珍重

03. 打ち合わせ【うちあわせ】⓪
名：商量，开会

04. 基づく【もとづく】③
自Ⅰ：基于，根据

05. 送る【おくる】⓪
他Ⅰ：送，寄，送行，度过

06. 経験【けいけん】⓪
名 / 他Ⅲ：经验，体验

07. 起こる【おこる】②
自Ⅰ：发生

08. 出世【しゅっせ】⓪
名 / 自Ⅲ：成功，出人头地

09. 訪れる【おとずれる】④
自Ⅱ：到临，访问，到来

10. 精一杯【せいいっぱい】③
ナ / 副：竭尽全力

11. それぞれ ②
副：各自，个别

12. 立てる【たてる】②
他Ⅱ：建立，订立，站起

了解关键词之后，也要知道怎么写，试着写在下面的格子里。

01 询问售价

E-mail本文

To　"浜田浩二"kouji-hamada@japan.co.jp

Cc　　　　　　　　Bcc

Subject　**卸値**[01]価格のご**照会**[02]

浜田　様

いつもお世話になっております。弘揚商事の楊です。

さて、先日ご紹介頂きました貴社の新商品、Vii-002を是非弊社でお取り扱い致したく存じます。つきましては、下記の条件で卸値をお知らせ頂きたく、ご照会申し上げます。尚、本件は大量**需要**[03]見込み[1]のある案件であるため、その点も**含め**[04]、お**取り計らい**[05]頂きたくお願い申し上げます。

商品名	Vii-002
数量	毎月2000個以上
価格	貴社数量基準による
納品[06]場所	弊社倉庫
決済[07]方法	貴社の条件による
梱包[08]、**運賃**[09]費用	貴社ご負担[2]

まずは取り急ぎご照会まで失礼致します。

楊右行

****

株式会社弘揚商事

営業部楊右行

E-mail：yang01@hotmail.com　TEL：○○○○-○○○○　（内線）○○○

FAX：○○○○-○○○○　〒○○○-○○○

中国北京市○○路○○号○○階

翻译

滨田先生：

平时承蒙您照顾了。我是弘扬商业的杨（右行）。

日前您为我们介绍的贵公司的新产品Vii-002，请务必让我们公司代理出售。想请您告诉我们下列条件的批发价格。另外，对该产品我们预期有大量的需求，这一点也请您列入考虑范围之内。

商品名称	Vii-002
数量	每月2 000个以上
价格	按贵公司数量标准
交货地点	敝公司仓库
结算方式	按贵公司的条件
包装，运费	贵公司负担

特此先向您询问，望谅解。

杨右行

重点句解说

1. 見込(みこ)み

“見込(みこ)み”是动词“見込(みこ)む”的“ます”形（名词形），带有“可能、可能性、预测”等含意。而“見込(みこ)み”常接在名词或者动词辞书形之后，用以表示对未来的某种期望，或者对未来持有某种确信的期待，例如：

第4期(だいき)の売上(うりあ)げは1000万円(まんえん)を超(こ)える見込(みこ)みです。

第4期的营业额将有望突破1 000万日元。

今月(こんげつ)の見込(みこ)み契約(けいやく)は30件(けん)あります。

这个月有希望签约的订单有30笔。

2. 日本人习惯这样写

在询问价格的时候，可以先把自己这边一些预估的数字或者条件，以条列式列出，这样方便对方根据提出的条件来报价，也可以节省一些条件咨询或调整上的书信往来时间。文中提供的算是比较详尽的询价方式，读者使用时可自行斟酌。

可能会遇到的句子

1. 発売初期(はつばいしょき)に市場(しじょう)占有率(せんゆうりつ)[10]を抑(おさ)えるために、大量(たいりょう)生産(せいさん)の予定(よてい)でございます。

   为了在销售初期抢占市场占有率，因此准备大量生产。

2. 貴社(きしゃ)の商品(しょうひん)は発売(はつばい)して以来(いらい)、絶大(ぜつだい)の好評(こうひょう)を博(はく)しました[11]。

   贵公司的商品自出售以来获得了莫大的好评。

3. 販促(はんそく)[12]用(よう)のパンフレット[13]がございましたら、合(あ)わせてお送(おく)り頂(いただ)けないのでしょうか。 如果有促销用的小册子的话，不知道能不能一并寄送呢？

4. この商品(しょうひん)の将来性(しょうらいせい)は非常(ひじょう)に明(あか)るいと信(しん)じております。

   相信这种商品的将来一定非常光明。

必背关键单词

01. 卸値【おろしね】❸
名：批发价格

02. 照会【しょうかい】⓿
名／他III：照会，询问

03. 需要【じゅよう】⓿
名：需要

04. 含める【ふくめる】❸
他II：包含，包括

05. 取り計らう【とりはからう】❺
他I：处理，照顾，安排

06. 納品【のうひん】⓿
名／他III：交货，缴纳物品

07. 決済【けっさい】❶
名／他III：结算，结账

08. 梱包【こんぽう】⓿
名／他III：包装，捆包

09. 運賃【うんちん】❶
名：运费

10. 占有率【せんゆうりつ】❹
名：占有率

11. 博する【はくする】❸
他III：博得，获得

12. 販促【はんそく】⓿
名：促销，“贩卖促进”的简写

13. パンフレット ❹
名：小册子，简介

02 询问交货日期

E-mail本文

To: "浜田浩二"kouji-hamada@japan.co.jp

Cc:

Bcc:

Subject: 納期のご照会

浜田　様

平素格別のお引き立て頂き、ありがとうございます。弘揚商事の楊です。

さて、早速ですが、5月3日付 注文書（2100503-1号）にてご注文申し上げました"IX-252"につきまして、**所定**[01]**期日までに納品可能かどうか**[1]をご確認させていただきます。

同部品を使用した商品は好評のため、注文の問い合わせが殺到しております。**在庫のみ**[2.02]では対応しきれなくなりますため、部品を**確保したく**[03]ご確認申し上げる次第でございます。

つきましては、お手数とは存じますが、何卒ご高察の上、今週の金曜日までに**折り返し**[04]ご連絡いただきますようお願い申し上げます。

取り急ぎご確認かたがたお願い申し上げます。

楊右行

****

株式会社弘揚商事

営業部楊右行

E-mail：yang01@hotmail.com　TEL：○○○○-○○○○　（内線）○○○

FAX：○○○○-○○○○　〒○○○-○○○

中国北京市○○路○○号○○階

翻译

滨田先生：

平时承蒙您特别关照，谢谢您。我是弘扬商业的杨（右行）。

跟您确认一下，5月3日所订购的“IX-252”（订单号2100503-1），是否能在规定时间内交货呢?

使用该零件的商品因获得好评，带来了非常多的关于订购的咨询，只靠库存的话将无法满足需求，为了确保零件的状况所以跟您做个确认。

因此，虽然知道很麻烦您，但还是请您谅解并拜托您于这个星期五之前回复。

先以此跟您做个确认和请求协助。

杨右行

日文E-mail
语法重点解析

重点句解说

1. 所定期日までに納品可能かどうか

使用“…かどうか”可以将想问的事项清楚地传达给对方。如同本文中询问“納品可能かどうか”就把问题焦点放在“是否能在指定期限内交货”。其他例如：

明日会議室が空いているかどうか調べて[05]ください。请查一下明天会议室有没有人使用。

ウイルスの被害が大きいため、今日中に復旧[06]できるかどうかまだ分かりません。
由于病毒的损害很大，今天内能不能修复还不知道。

2. 在庫のみ

一般口语中要表示“只有”可用“だけ”或“ばかり”，不过在书写中，多以文章用语“のみ”来表现，意思和“だけ”“ばかり”相同。例如：

値下げの対象は在庫品のみと致します。降价对象仅限于库存商品。

ご注文の品は本日梱包が完了しており、後は明日発送のみですので、ご安心ください。
您订购的商品已于今天包装完毕，后续只剩明日寄送，因此请不用担心。

可能会遇到的句子

1. 注文の商品はキャンペーン商品のため、時間通りの納品をお願い申し上げます。 订购的商品因为是特卖商品，所以拜托准时交货。

2. 納期を三日ほど前倒し[07]できないのでしょうか。 可以将交货日期提前三天吗?

3. 今回[08]の注文を優先して[09]出荷することができますか。
   可以将这次订购（的商品）优先出货吗?

4. 必ず今週中に出荷致します。 这一周内一定会出货。

必背关键单词

01. 所定【しょてい】⓪
名：规定，所定

02. のみ ❶
助：只有，光是

03. 確保【かくほ】❶
名 / 他Ⅲ：确保

04. 折り返し【おりかえし】⓪
名：折返，回（回电话之类）

05. 調べる【しらべる】❸
他Ⅱ：调查，审查

06. 復旧【ふっきゅう】⓪
名 / 自他Ⅲ：修复，复原，恢复原状

07. 前倒し【まえだおし】❸
名：（预算，期限之类）往前移

08. 今回【こんかい】❶
名：此次，此番

09. 優先【ゆうせん】⓪
名 / 自Ⅲ：优先

了解关键词之后，也要知道怎么写，试着写在下面的格子里。

03 询问商品不足

E-mail本文

To "浜田浩二"kouji-hamada@japan.co.jp

Cc

Bcc

Subject 着荷品不足についてのご照会

浜田　様

いつもお世話になり、ありがとうございます。弘揚商事の楊です。

さて、4月16日付で注文致しました"100㎜**レンズ**[01]**カバー**[02]" 1000個（発注番号2100416－1）先ほど着荷しました。早速確認致しましたところ、200個**足りない**[03]ことが**判明**[04]**致しました**[1]。何かのお**手違い**[05]とは存じますが[2]、**至急**[06]ご調査の上、ご連絡いただきますようお願い申し上げます。

お忙しいところ大変お手数をお掛け致しますが、何卒よろしくお願い申し上げます。

まずは取り急ぎ、ご照会申し上げます。

楊右行

****

株式会社弘揚商事

営業部楊右行

E-mail：yang01@hotmail.com

TEL：○○○○-○○○○　（内線）○○○

FAX：○○○○-○○○○　〒○○○-○○○

中国北京市○○路○○号○○階

翻译

滨田先生：

平时承蒙您照顾，谢谢您。我是弘扬商业的杨（右行）。

4月16日订购的1 000个“100mm镜头盖”（订购编号为2100416－1）刚才已经到货了。立即确认之后，发现少了200个。我想是出了什么差错，请尽快调查，之后与我联系。

特此先向您询问，请多多关照。

杨右行

日文E-mail
语法重点解析

重点句解说

1. 判明致しました

在这里很容易使用另外一个词“分かる”（知道，理解），但是“分かる”属于理解，认知，表明知道某件事或理由，而在此处则比较适合用表示经过调查或研究而使某事明朗化的“判明する”（明确，弄清楚）。因为是要描述在点货时发现货物数量有误这一事实，所以使用“判明する”，其他例如：

通販[07]の顧客[08]の個人情報[09]が流出している[10]ことが判明しました。
发现邮购客户的个人资料外流。

テレビ側に信号[11]の受信[12]動作は正常に行われていないことが判明しました。
发现是电视端没有正确地接收信号。

2. …が…

“…が…”有多种用法，其中一种就是用来缓和语气的前置用法。当句中出现需要麻烦对方，或者会对对方造成困扰的内容时，就可以在主要内容前使用“…が…”，使对方有某种程度的心理准备。句中“…至急ご調査の上、ご連絡いただきますようお願い申し上げます。”是要求对方紧急调查，因此使用“…が…”使其有心理准备。

言いにくいですが、明日の会議には出られなくなりました。
很难以启齿，不过明天的会议我不能出席了。

生憎ですが、部長は10分前出掛けました[13]。很不凑巧，部长在10分钟前外出了。

可能会遇到的句子

日文E-mail 高频率使用例句

1. 今までは納品数が足りないことは一度[14]もありません。

   至今为止交货数目短缺的情况一次也没有。

2. 今担当[15]の者は席を外して[16]おりますため、戻り次第すぐに折り返しご連絡差し上げますよう伝えておきます。

   目前负责人不在办公位上，回来之后会马上转达他，请他跟您联系。

3. 残り[17]の分は5月24日前にご納入くださいますようお願い申し上げます。

   剩下的部分请于5月24日之前交货。

必背关键单词

01. レンズ ❶
名：镜头，镜片

02. カバー ❶
名：封面，弥补

03. 足りる【たりる】 ⓪
自II：足够，值得

04. 判明【はんめい】 ⓪
名 / 自III：明确，弄清楚

05. 手違い【てちがい】 ❷
名：出错，差错

06. 至急【しきゅう】 ⓪
名 / 副：急速，火速

07. 通販【つうはん】 ⓪
名："通信販売"的缩写，函售，邮购

08. 顧客【こきゃく】 ⓪
名：顾客，主顾

09. 情報【じょうほう】 ⓪
名：资料，消息，情报

10. 流出【りゅうしゅつ】 ⓪
名 / 自他III：外流，流出

11. 信号【しんごう】 ⓪
名：信号

12. 受信【じゅしん】 ⓪
名 / 他III：接收（邮件，短信等）

13. 出掛ける【でかける】 ⓪
自II：出门，出去

14. 一度【いちど】 ❷
名 / 副：一次，一回，一旦

15. 担当【たんとう】 ⓪
名 / 他III：担当，担任

16. 外す【はずす】 ⓪
他I：取下，摘下

17. 残り【のこり】 ❸
名：剩余，剩下

04 询问交易条件

E-mail本文

To "中野 翔太"@nakano_syouta@japan.com.tw

Cc

Bcc

Subject 取引条件のご照会

中野 様

いつも格別のご協力を頂き、心よりお礼を申し上げます。弘揚商事の楊です。先般、貴社のカタログをお送り頂き、**ありがとうございました**[1]。

さて、慎重に検討致しましたところ、YUシリーズの商品は大変優れた商品であり、是非お取引させていただく、取引条件などについて、ご照会のメールをお送り致しました次第でございます。

つきましては、下記の取引条件に付き、貴意を確認させていただきたく存じます。ご多忙中**恐れ入ります**[01]**が**[2]、折り返しご回答くださいますようお願い申し上げます。

- 価格　　　　現金、又は**約束手形**[02]支払い
- 支払い方法　　現金支払いの期日、又は約束手形支払いの最大期日
- 梱包、運送料等　負担の**割合**[03]
- 保証金その他の条件について

まずは、取り急ぎ取引条件のご照会までお願い申し上げます。

楊婷儀

****

株式会社弘揚商事

営業部 楊婷儀

E-mail：yang02@hotmail.com　TEL：○○○○-○○○○　（内線）○○○

FAX：○○○○-○○○○　〒○○○-○○○

中国北京市○○路○○号○○階

翻译

中野先生：

平时承蒙您特别协助，打从心里向您致谢。我是弘扬商业的杨（婷仪）。前几天承蒙您寄送贵公司的产品目录，谢谢您。

看过产品目录后，经过慎重讨论，（我们认为）YU系列的商品相当优秀，非常希望能够合作，就交易条件等相关问题，特发此封咨询的邮件给您。因此，就下列条件想确认贵公司的意思。非常抱歉，但还是麻烦您百忙之中拨冗回复。

- 价格　　　　现金或者期票
- 付款方式　　现金付款的支付日期或者是期票支付的最长期限
- 包装·运费等　负担比例
- 保证金和其他的条件

杨婷仪

重点句解说

1. ありがとうございました

道谢时，常会将“ありがとうございます”与“ありがとうございました”搞混，基本上两者的区别在于对方让你感到感谢之意的时间点。如果对方做了某些动作、行为是在你表达感谢之意的时间点之前，或者该动作、行为已经结束之时，就用“ありがとうございました”，如果该动作、行为到你表达感谢之意时还正在进行，就使用“ありがとうございます”。此处寄送产品目录的动作已经结束，因此使用“ありがとうございました”，其他例如：

今までお世話[04]になり、ありがとうございました。 受您照顾至今，谢谢您。

いつもお世話になり、ありがとうございます。 总是受您照顾，谢谢您。

2. 恐れ入りますが

“恐れ入りますが”此句不管在书信或口语中，在麻烦长辈或者顾客等需表达某种程度的尊敬或礼貌的对象时常会使用，带有非常抱歉或者过意不去的含意。除此之外，“恐れ入ります”还可以在非常感谢对方的行为时使用，例如：

わざわざ電話でご連絡頂きまして恐れ入ります。 非常感谢您特地来电联系。

コンビニ店員：お箸[05]はご利用になりますか。便利商店店员：需要使用筷子吗?

客：いいえ、結構です。客人：不，不用了。

コンビニ店員：恐れ入ります。便利商店店员：谢谢您。

日文E-mail 高频率使用例句

可能会遇到的句子

1. **貴社の商品は品質、価格ともに申し分[06]のない品です。**

   贵公司的商品在品质、价格上都是无可挑剔的。

2. **今回のお取引をきっかけとして、貴社他の関連製品の取り扱いも検討して参りたいと存じます。**

   以此次交易为契机，我们也想就贵公司其他的相关产品的交易进行研讨。

3. **最初の注文は1000個で、以後年間合計約7000個でお取引させていただきたいと存じます。最初的订购量为1 000个，希望未来以一年总计约7 000个的量来交易。**

4. **差し支え[07]がなければ、お取引の条件について、打ち合わせに参りたいと存じます。如果不会影响到您的话，想就交易条件跟您见面聊聊。**

必背关键单词

01. 恐れ入ります【おそれいります】
惯：非常感谢，非常抱歉，非常惶恐

02. 約束手形【やくそくてがた】❺
名：期票

03. 割合【わりあい】⓿
名/副：比例，比较起来

04. 世話【せわ】❷
名/他Ⅲ：帮助，照顾，援助

05. 箸【はし】❶
名：筷子

06. 申し分【もうしぶん】⓿
名：缺点，不满意的地方，意见

07. 差し支え【さしつかえ】⓿
名：妨碍，打扰，（产生）问题

05 询问未到商品

E-mail本文

To "浜田浩二"kouji-hamada@japan.co.jp

Cc

Bcc

Subject 未着のご照会

浜田　様

いつも大変お世話になっております。弘揚商事の楊です。

さて、5月24日付にて発注致しました商品"静電気式**スイッチ**[01]"（注文番号2100524－1号）、1000個の納期は7月13日とご連絡頂いておりますが、**本日に至っても**[1,02]到着しておりません。

弊社と致しましても[2]、出荷予定が大幅な延滞を招き、業務に**支障**[03]を**来たし**[04]始めており、**莫大**[05]な損害を**出す**[06]ことにもなりかねません。

つきましては、至急にご調査のうえ、調査結果及び納品日をお知らせくださいますよう、**重ねて**[07]お願い申し上げます。

楊右行

****

株式会社弘揚商事
営業部楊右行

E-mail：yang01@hotmail.com　TEL：○○○○-○○○○　（内線）○○○

FAX：○○○○-○○○○　〒○○○-○○○

中国北京市○○路○○号○○階

翻译

滨田先生:

平时承蒙您多方照顾。我是弘扬商业的杨（右行）。

5月24日订购的商品1 000个“静电式开关”（订购号为2100524－1号）的交货日期，您跟我说是7月13日，但是到今天仍然没到。

敝公司的出货预定也大幅滞延，开始引起业务上的困难，可能会造成莫大的损失。

因此请快速调查后，通知我调查结果以及交货日，拜托。

再次拜托您了。

杨右行

重点句解说

1. 本日(ほんじつ)に至(いた)っても

“…ても”可用来表示依照常理会发生却没发生的状况（逆接），可接在动词，イ/ナ形容词，名词之后。例如本文里面提到交期为“7月13日(がつにち)”，但是发邮件时可能已经是14日（或之后）了，也就是说本来该在13号会到的货（“13日到着(にちとうちゃく)します”），到了14号（或之后）还没到（“14日に至(かいた)っても”），因此，使用“…ても”来表示。此种表示逆接的“…ても”使用较频繁，其他例如：

正式(せいしき)の書類(しょるい)は今日(きょう)送(おく)っても、明日(あした)の会議(かいぎ)までには間(ま)に合(あ)いません[08]から、とりあえずメールでファイルを送(おく)ってください。

正式的书面资料就算今天送出，也赶不上明天会议，暂且先把档案用电子邮件发过来吧。

2. 弊社(へいしゃ)と致(いた)しましても

“…と致(いた)しても”是“…としても”的礼貌用法。在“…としても”前面放表示人物或者组织的名词借以表达其立场或观点。另外“…としては”也可以用以表示人物或组织的立场或观点，不同之处在于此处的“も”有“同等、列举”等含意。在这里，彼此同为公司组织且同为出货问题困扰，因此使用“…と致(いた)しても”，其他例如：

山田(やまだ)さんは一人(ひとり)の男(おとこ)としても、営業(えいぎょう)マン[09]としても私(わたし)の憧(あこが)れ[10]です。

山田先生无论是作为一个男人或者业务员，都是我仰慕的对象。

今回のミスは個人だけではなく、営業部全体としても責任を持たなければなりません。

这次的错误不是个人的，营业部全体也都必须承担起责任。

日文E-mail
高频率
使用例句

可能会遇到的句子

1. 貴社の部品が不足すれば[11]、生産ラインがほぼ[12]停止することになってしまいます。
   如果贵公司的零件不足的话，生产线将几近停止。

2. 予定納入数の半分でもかまいませんので、先に送っていただきたいです。
   只有预定交货的半数也没关系，请先送过来。

3. 先週の金曜日着荷する予定の商品が、未だに[13]届いておりません。
   上星期五预定到货的商品到现在还没送达。

4. これは弊社の信用に関わって[14]おります。 此事与敝公司的信用息息相关。

必背关键单词

01. スイッチ ❷
名：开关，交换

02. 至る【いたる】❷
自Ⅰ：到，到达，来临

03. 支障【ししょう】⓿
名：故障，障碍

04. 来たす【きたす】⓿
他Ⅰ：引起，招致

05. 莫大【ばくだい】⓿
名/ナ：莫大

06. 出す【だす】❶
他Ⅰ：拿出，产生，刊登，寄出

07. 重ねる【かさねる】⓿
他Ⅱ：重叠，屡次，再三

08. 間に合う【まにあう】❸
自Ⅰ：赶得上，来得及

09. 営業マン【えいぎょうマン】❸
名：营业人员，业务员

10. 憧れ【あこがれ】⓿
名：憧憬，向往

11. 不足【ふそく】⓿
名/ナ/自Ⅲ：不足，缺乏

12. ほぼ ❶
副：几乎，大略，大体上

13. 未だに【いまだに】⓿
副：仍然

14. 関わる【かかわる】⓿
自Ⅰ：关系到……，牵涉到……

06 询问饭店订房状况

E-mail本文

To "yoyaku@cityhotel.co.jp

Cc

Bcc

Subject **空室**[01]のご照会

シティ[02]ホテル
予約係り　様

こんにちは、**インターネット**[03]でシティホテルのホームページを拝見致しました。北京から陳と申します。来月25日は日本に出張する予定のため、下記の条件で空室の状況を確認させていただきたくメールを差し上げました。

宿泊[04]予定人数：3人、男性1人、女性1人
部屋[05]**タイプ**[06]：**ツイン**[07]**とシングル**[1-08]それぞれ一部屋
宿泊日：5月25日～28日（四日三泊）
希望料金：8000円～15000円

上記の条件に満たせば[2-09]、予約致したく存じます。
ご多忙中恐縮ですが、**早めに**[10]ご返事いただきますようお願い申し上げます。

陳麗幸

****

株式会社弘揚商事
営業部　陳麗幸

E-mail：chen555@hotmaill.com　TEL：○○○○-○○○○　（内線）○○○

FAX：○○○○-○○○○　〒○○○-○○○

中国北京市○○路○○号○○階

翻译

城市酒店

预约订房负责人 先生小姐：

您好，在网络上看到了城市酒店的网页。我来自北京，姓陈。下个月25号预计要去日本出差，想就下列条件确认一下空房状况，因此写电子邮件给您。

预约住宿人数：3人，男性1人，女性2人

房型：双人房、单人房各1间

住宿日期：5月25日～5月28日（4天3晚）

希望房价：8 000日元～15 000日元

如果有符合以上条件的房源我想预约。

不好意思，还麻烦您百忙之中尽早回信。

陈丽幸

重点句解说

1. ツインとシングル

“シングル”是单人房，“ツイン”是两张单人床的双人房，其他房型还有：

“ダブル[11]”：含一张双人床的房间

“トリプル[12]”：含一张双人床加上简易的折叠床，或者是三张单人床的房间

“4ベッド[13]”：含四张单人床的房间

“スイート[14]”：套房

“メゾネット[15]”：两层楼的格局，有多间客房和共同的客厅及厨房，适合全家一起居住

基本上，上述都是洋式房型，也就是所谓的“洋室（ようしつ）[16]”，并且都可以在后面接上“ルーム[17]”（房间）。当然还有铺满榻榻米的“和室（わしつ）[18]”，以及一部分铺榻榻米但是备有床铺的“和洋室（わようしつ）”。

2. 上記の条件に満たせば

“ば”为接续助词，可接在动词，名词，イ/ナ形容词之后。表示顺接的条件“ば”在使用时，其前后句子多为因逻辑而成立的关系或者因果关系，例如：

インターネットがあれば、商売（しょうばい）[19]できる時代（じだい）がやってきました。
只要有网络就有办法做生意的时代来临了。

もっと探せば空室があるホテルはきっと見付かる[20]。 再找一下一定可以找到有空房的饭店。

可能会遇到的句子

1. 富士山が見える部屋はまだありますか。**还有没有可以看到富士山的房间?**

2. 予約金が必要であれば、指定支払い方法をご連絡いただけると対応致します。

   需要付订金的话，请告知指定的支付方式，我将会处理。

3. リムジンバス[21]で東京駅で降りた後、5分ほど歩けばホテルに着きます。

   搭乘机场大巴到东京车站下车后，徒步五分钟就到饭店了。

4. 食事は付いていますか。**含餐吗?**

必背关键单词

01. 空室【くうしつ】⓿
名：空房，空的房间

02. シティ ❶
名：都市，城市

03. インターネット ❺
名：互联网

04. 宿泊【しゅくはく】⓿
名/自Ⅲ：投宿，住宿

05. 部屋【へや】❷
名：房间

06. タイプ ❶
名：种类，类型

07. ツイン ❶
名：双人房

08. シングル ❶
名：单人房，单一

09. 満たす【みたす】❷
他Ⅰ：满足，充满

10. 早め【はやめ】⓿
名/ナ：早一点，加快

11. ダブル ❶
名：双人床房，两倍

12. トリプル ⓿
名：三人房

13. ベッド ❶
名：床

14. スイート ❷
名：套房

15. メゾネット ❻
名：两层式的公寓单元，楼中楼

16. 洋室【ようしつ】⓿
名：西式房间

17. ルーム ❶
名：房间

18. 和室【わしつ】⓿
名：日本式房间

19. 商売【しょうばい】❶
名/自他Ⅲ：买卖，经营

20. 見付かる【みつかる】⓿
自Ⅰ：被发现，能发现

21. リムジンバス ❺
名：机场接送大巴

01 请求交货日期延后

E-mail本文

To	"楊右行" yang01@hotmail.com
Cc	
Bcc	
Subject	納期猶予のお願い

楊　様

いつも格別のお引き立てを頂きありがとうございます。日本商事の浜田です。

さて、5月26日にご注文頂きました弊社商品"**グラフィックボード**[01]GX-533"の納期の件につきまして、誠に申し訳ございませんが、4日のご**猶予**[02]をお願い申し上げます。

当商品の一部はGPU周辺部に**半田付け**[03]の不良による**ショート**[04]が発生しましたため、**出荷を止めざるを得ませんでした**[1]。

今回は外注先の半田付けの工程に問題があるため、今後は外注会社に対する**検査**[05]・**評価**[06]体制を一層厳しくし、同じご迷惑をおかけしないよう、努力致したく所存でございます。何卒ご高察のうえ、ご了承頂きますよう、**切に**[2.07]お願い申し上げます。

取り急ぎ納期延期のお願いかたがたお詫びまで。

浜田浩二

****

株式会社日本商事

海外事業本部電子部品課　浜田浩二

E-mail：kouji-hamada@japan.co.jp　TEL：○○○○-○○○○　（内線）○○○

FAX：○○○○-○○○○　〒○○○-○○○

日本国東京都○○区○○町○○丁目○○－○○

翻译

杨先生：

平时承蒙您特别关照，谢谢您。我是日本商业的滨田。

真的很抱歉，5月26日您订购的本公司商品——显卡GX-533的交货日期，可能得延期4天。一部分商品因为GPU周围焊接不良引起短路，因此不得不停止出货。

这次问题出在外包厂商的焊接工程，因此今后针对外包公司的检查审核制度将会更加严谨，努力不再给贵公司制造相同的困扰。深切地恳求您多加明察体谅。

先以此跟您恳求商品延期交货并致歉。

滨田浩二

重点句解说

1. 出荷を止めざるを得ませんでした

“ざる”是古代用语，相当于现代的“ない”，接在用言（动词，形容词，形容动词三者合称为用言）之后用以表示否定之意。接续的方式和“ない”相同。这边使用的是惯用的文章句法“…ざるをえない”，中文意思为“不得不……，必须……，不得已……”等。这里用此句法可以表示出“迫不得已”的感觉。

上司に命令されたから、やらざるを得ませんでした。 因为被上司命令，而不得不去做。

理事会の圧力[08]で、社長は今回の事件の責任を背負わざる[09]を得ません。
因为理事会的压力使得总经理不得不背负这次事件的责任。

2. 切に

“切に”是表示“恳切地……，迫切地……”的一个副词，通常这类表述较少在教科书里面出现，在这里做一个整理：

- **心から：** 由衷地，打从心底
- **くれぐれも：** 千万，多多
- **厚く、深く：** 深厚地
- **重ねて[10]：** 再一次地，重复
- **幾重にも[12]：** 深切地，恳切地，万分
- **切に：** 恳切地，迫切地
- **衷心より：** 衷心、由衷地
- **重ね重ね：** 三番两次，衷心
- **頻りに[11]：** 频繁地，再三地，强烈地

可能会遇到的句子

日文E-mail
高频率使用例句

1. 組み立てを依頼[13]している外注会社は倒産しました。

委外组装的外包公司倒闭了。

2. 従来[14]はある程度の在庫を確保しておりますが、今回はかつて[15]ない大量注文のため、既に在庫切れとなりました。

一直以来都有确保一定程度的库存，但是这次因为收到以往不曾有过的大宗订单，已经没有库存了。

3. 原材料の仕入先国は昨日から台風の影響で、船と飛行機は出航不能となっています。

（我会）购买原料的出口国，从昨天开始受台风影响，船和飞机都没办法启航。

4. 先月から品切れ[16]の状態が続いております。

从上个月开始就一直持续着缺货的状态。

必背关键单词

01. グラフィックボード ❻
名：显卡

02. 猶予【ゆうよ】❶
名/自Ⅲ：延期，缓期，犹豫

03. 半田付け【はんだづけ】⓿
名：焊接

04. ショート ❶
名：短路；短

05. 検査【けんさ】❶
名/他Ⅲ：检查，检验

06. 評価【ひょうか】❶
名/他Ⅲ：评价，评估，审核

07. 切に【せつに】❶
副：恳切地，迫切地

08. 圧力【あつりょく】❷
名：压力

09. 背負う【せおう】❷
他Ⅰ：背，背负，承担

10. 重ねて【かさねて】⓿
副：再一次地，重复

11. 頻りに【しきりに】⓿
副：频繁地，再三地，强烈地

12. 幾重にも【いくえにも】❶
副：深切地，恳切地，万分

13. 依頼【いらい】⓿
名/自他Ⅲ：委托，请求

14. 従来【じゅうらい】❶
名/副：从前，以前，从来

15. かつて ❶
副：从前，以前；从未，前所未有（后接“ない”）

16. 品切れ【しなぎれ】⓿
名：缺货，卖光了

02 请求寄送样品

E-mail本文

To "田中　翔"tanaka_01@japan-ic.co.jp

Cc

Bcc

Subject **見本**[01]送付のご依頼

田中　様

判明致しました。日本商事開発部家電製品課の鈴木です。

先日新商品発表会にて、いろいろと丁寧なご説明を頂きありがとうございました。

さて、貴社が開発しました**タッチパネル**[02]**向けのコントロール**[1-03]**ICに大変興味**[04]**を持ち**[2]、弊社今後の商品に導入すると検討しております。つきましては、一度開発中の商品に取り付けて実験をしたく存じますので、下記のIC見本を送付頂きますようお願い申し上げます。

IX-5412　3個　IU-5412　3個　IU-5622　3個

ご多忙中お手数をお掛けいたしまして大変申し訳ございませんが、何卒よろしくお願い申し上げます。

鈴木拓也

****

株式会社日本商事

開発部　家電製品課

エンジニア　鈴木拓也

E-mail：suzuki_takuya@japan.co　TEL：○○○○-○○○○　（内線）○○○

FAX：○○○○-○○○○　〒○○○-○○○

日本国東京都○○区○○町○○丁目○○－○○

翻译

田中先生：

辛苦了。我是日本商业开发部家电产品科的铃木。日前在新商品发表会上承蒙您详细解说，谢谢您。

对于贵公司开发的触控面板用的控制IC，我们非常有兴趣，正在研究将其应用到敝公司今后的商品中。因此，想装在研发中的商品上，做一次实验看看，想麻烦您寄送下列的IC样品给我们。

IX-5412　3个　　IU-5412　3个　　IU-5622　3个

在您百忙之中给您添麻烦了，真的是非常抱歉，还请多多帮忙。

铃木拓也

重点句解说

1. タッチパネル向けのコントロールIC

在某名词后面接上“向けの十名词”就是表示后面的名词是针对前面名词而创造、产生的。例如：

駅前でサラリーマン[05]向けのジム[06]は見習生[07]を募集している。

车站前以上班族为对象的健身房正在招募见习生。

女子高校生向けのファッション[08]ショップ[09]が羅列している。

以女子高中生为对象的流行服饰商店一字排开（一路都是）。

2. …に大変興味を持ち

要表示对某件事物有兴趣时，用“…に興味を持つ”或者“…に興味がある”，而在文章里面则建议将“ある”改成“ございます”，以及将“持っています”改成“持っております”，这样会比较礼貌。

貴社の生産現場に非常に興味を持っております。（我们）对贵公司的工厂非常有兴趣。

貴社の新商品に興味がございます。（我们）对贵公司的新商品很有兴趣。

可能会遇到的句子

1. 送料[10]はこちらの負担[11]でもかまいません。运费由我们承担也可以。

2. 見本商品と一緒に、価格表も送付していただけると幸いです。

   如果价格表可以和商品样本一起寄送过来的话就太好了。

3. 貴社のTEX-520は同型商品の中で最も[12]性能が優れています。

   贵公司的TEX-520在同类商品中性能最为优异。

4. 実際の色を確認致したく、見本を送って頂きますようお願い申し上げます。

   想确认一下颜色，因此请您寄送样本。

必背关键单词

01. 見本【みほん】⓿
名：样品

02. タッチパネル ❹
名：触控面板

03. コントロール ❹
名/他II：控制，管理，驾驭，控球

04. 興味【きょうみ】❶
名：兴趣，兴致

05. サラリーマン ❸
名：上班族

06. ジム ❶
名：健身房，拳击练习中心

07. 見習生【みならいせい】❺
名：见习生，见学生，学徒

08. ファッション ❶
名：流行，流行服饰，时尚

09. ショップ ❶
名：商店

10. 送料【そうりょう】❶
名：邮费，运费

11. 負担【ふたん】⓿
名/他III：负担，承担，背负

12. 最も【もっとも】❸
副：最，顶

了解关键词之后，也要知道怎么写，试着写在下面的格子里。

请求寄送请款单

E-mail本文

To "浜田浩二"kouji-hamada@japan.co.jp

Cc

Bcc

Subject **請求書**[01]送付のご依頼

浜田様

平素はお引立て頂き、誠にありがとうございます。

さて、早速ですが、貴社当月分の請求書は未だに**手元**[02]に届いておりませんので、送付のお願いを申し上げます。

ご高承のとおり、弊社**締め日**[03]は毎月25日となっております。当月25日までに到着しない場合は、翌月の25日の処理分となりますので、**予め**[04]ご了承くださいますようお願い申し上げます。

尚、本メールと**行き違い**[05]にご送付頂いておりましたら、どうかご容赦のほどお願い申し上げます[2]。

取り急ぎ請求書未着のご連絡かたがた送付のご依頼まで
楊右行

****
株式会社弘揚商事
営業部 楊右行
E-mail：yang01@hotmail.com TEL：○○○○-○○○○ （内線）○○○
FAX：○○○○-○○○○ 〒○○○-○○○
中国北京市○○路○○号○○階

翻译

滨田先生：

平日承蒙您关照，非常谢谢您。

贵公司这个月的账单还没到我手上，麻烦您寄送一下。

如您所知，敝公司的结账日为每个月25日，当月25日之前还没收到的话，会变成下个月的25日处理，请您预先了解这一点。

另外，如果这封电子邮件错过您寄送的时间点，还请您多包涵。

先以此通知您账单未到，以及请求寄送账单。

杨右行

重点句解说

1. までに

“…までに”表示在某个时间点之前，通常包含该时间点，譬如说“17時までに”（17点以前）包含17：00，但17：01则算超过时间，另外例如“15日までに”（15号以前）这种日期上的时间限制，通常是以该机构或公司的上班时间为止。若该机构17点下班则表示17点过后就算超时了。

振り込みの手続きは本日午後3時までにお済ませください。
汇款转账的手续请于今天下午3点前完成。（包含下午3点）

明日までにご回答お願いします。请于明天以前回答。（包含明天）

2. 本メールと行き違いにご送付頂いておりましたら、どうかご容赦のほどお願い申し上げます

“行き違い”有“错过”“错开”“误会”等意思，像这里的例子是说对方可能已经寄送出“請求書”，但是因为对方还未来得及通知，自己已经先行发电子邮件询问了。像这类的情形相当多，为免造成彼此不愉快，使用“行き違いに”来表示只是刚好联系时间错开，这样不会给予对方强烈质问的感觉。

既に送金[06]済みで、行き違いの場合には、何卒ご容赦[07]お願い申し上げます。
若是已经汇款完成，有确认上的疏忽，还请多加见谅。

既に解約済みのお客様に、行き違いで会費納入案内をお送りしましたら、どうかご容赦ください。如不小心将缴纳会费说明寄给已经解约的客户的话，请多加见谅。

日文E-mail 高频率使用例句

可能会遇到的句子

1. 請求書は昨日の夕方お送り致しました。 账单已于昨天傍晚发送。
2. 請求書の請求額は納品数の代金[08]と相違します。
   账单上的金额和交货数目的货款有出入。
3. 弊社の経理[09]担当と照会しましたところ、2016年7月7日に貴社からご出荷頂きました商品代金の請求書は届いておりません。
   我跟敝公司会计负责人询问后的状况是，贵公司于2016年7月7日出货给我们的商品的货款账单还没寄到。
4. 今回に限りましては、30日までに送付頂ければ、今月の処理分とさせていただきます。 只限这一次，只要在30号以前寄到的话，我们还会在这个月处理。

必背关键单词

01. 請求書【せいきゅうしょ】⓪
名：账单，申请书

02. 手元【てもと】❸
名：手边，手中

03. 締め日【しめひ】❷
名：结账日

04. 予め【あらかじめ】⓪
副：预先，先

05. 行き違い【ゆきちがい】⓪
名：未能遇到，阴错阳差，错开

06. 送金【そうきん】⓪
名 / 自他Ⅲ：汇款，寄钱

07. 容赦【ようしゃ】❶
名 / 他Ⅲ：留情，原谅，姑息

08. 代金【だいきん】⓪
名：货款

09. 経理【けいり】❶
名 / 他Ⅲ：会计，经营管理，（职称）经理

了解关键词之后，也要知道怎么写，试着写在下面的格子里。

04 请求变更支付条件

E-mail本文

To: "浜田浩二"kouji-hamada@japan.co.jp

Cc:

Bcc:

Subject: 支払い条件の変更のお願い

浜田 様

いつも格別のお引き立てを頂き、心よりお礼を申し上げます。弘揚商事の楊です。

さて、早速ではございますが、ご承知のとおり、不況が続いており、弊社も**甚大**[01]の影響を受け、資金繰り[1,02]も厳しい状況になってまいりました[2]。弊社は**種々**[03]努力を重ねてまいりましたが、**限界**[04]に**達しました**[05]。

つきましては、貴社への**買掛金**[06]のお支払い方法につきまして、下記のとおりで変更のお願いを申し上げます。

現行支払い日　翌月15日　→　翌々月15日

貴社におかれましてもご**事情**[07]があるのは承知しておりますが、何卒ご高察の上、ご承諾くださいますよう**伏して**[08]お願い申し上げます。

楊右行

****

株式会社弘揚商事
営業部楊右行

E-mail：yang01@hotmail.com　TEL：○○○○-○○○○　（内線）○○○

FAX：○○○○-○○○○　〒○○○-○○○

中国北京市○○路○○号○○階

翻译

滨田先生:

平时承蒙您特别关照，打从心里向您致谢。我是弘扬商业的杨（右行）。

您也知道，最近经济一直不景气，我们公司也受到很大的影响，资金调度真的是越来越困难了。敝公司虽然做了各种努力，但是已经达到极限了。

因此针对贵公司应付账款的支付方式，想拜托更改为下列方式。

目前付款日 次月15日 → 下下个月15日

我们相当了解贵公司也有自己的立场，不过还是恳求贵公司体谅我们的处境，并同意我们的请求。

杨右行

重点句解说

1. 資金繰り

“資金繰り”指的是“资金周转”或“筹借资全”，依状况也可解释为“收支平衡的调整”这一动作，另外在口语中可以说或“**金繰り**[09]”。在文中指的是公司整体资金周转面临困境，需要厂商提供货款期限延长等帮助。

倒産寸前の会社の資金繰りを助けます。

给快要破产的公司融资。

この会社は去年の年末からずっと資金繰りに苦しまれて[10]いる。

这家公司从去年年底开始就一直为资金周转所苦。

2. 厳しい状況になってまいりました

动词的“テ”形加上“くる”后的“…てくる”可以用来表示从该动作开始进行或变化至说话者说话当下的时间点，其间逐渐转变或者持续进行的语气，类似中文中“逐渐变得……”“渐渐……”“越来越……”。此外，因为是商用书信，内容需礼貌，因此将“くる”改成谦让语“まいる”。所以句中就是指资金调度的情况“越来越严峻”。

日文E-mail 高频率使用例句

可能会遇到的句子

1. 営業拡大(えいぎょうかくだい)のため、より一層(いっそう)の運転資金(うんてんしきん)の充実(じゅうじつ)が必要(ひつよう)となります。

   因为加大销售量，所以需要更加充足的周转资金。

2. 昨日(きのう)、大口(おおぐち)[11]取引先(とりひきさき)から支払(しはら)いサイト[12]の変更要請(へんこうようせい)[13]が来(き)ました。

   昨天收到大宗客户票据给付期限变更的要求。

3. 貴社(きしゃ)への支払(しはら)いは最優先(さいゆうせん)との考(かんが)えです。

   我们对于贵公司的付款（要求）是最优先做考量的。

4. 新規顧客(しんきこきゃく)が増(ふ)えた[14]ことで、代金(だいきん)の回収(かいしゅう)も前(まえ)より時間(じかん)がかかります。

   因为增加了新客户，所以款项的回收也比以前更花时间了。

必背关键单词

01. 甚大【じんだい】⓪
ナ：非常大，莫大

02. 資金繰り【しきんぐり】⓪
名：资金周转

03. 種々【しゅじゅ】❶
名 / 副 / ナ：各种，种种

04. 限界【げんかい】⓪
名：界线

05. 達する【たっする】⓪
自他Ⅲ：到达，达到

06. 買掛金【かいかけきん】⓪
名：应付账款

07. 事情【じじょう】⓪
名：情势，理由，状况，立场

08. 伏して【ふして】❶
副：恳切，由衷

09. 金繰り【きんぐり】⓪
名：资金周转

10. 苦しむ【くるしむ】❸
自Ⅰ：难受，困扰，吃苦

11. 大口【おおぐち】❶
名：大宗，大批，大嘴

12. サイト ❶
名：（票据等）清账期限

13. 要請【ようせい】⓪
名 / 他Ⅲ：请求，要求，先决条件

14. 増える【ふえる】❷
自Ⅱ：增加，增多

01 催促付款

E-mail本文

To　"卜慧環"paku471@casino.way

Cc

Bcc

Subject　代金お支払いのお願い

冠任具カジノ
代表取締役
卜慧環　様

時下ますますご清祥の段、お慶び申し上げます。弘揚商事の楊です。

さて、9月12日付の請求書（請求番号NO100912-12）にてご請求致しました9月分の商品代金500万円は、最後のお支払期日の12月23日を3日**経過した**[01]本日まで未だにご**入金**[02]の確認ができておりませんため、ご通知申し上げます。

このままの状態ですと、弊社としましても資金繰りが厳しくなるため、**やむを得ず**[1.03]契約書に基づき法的手段に**訴える**[04]こともあります**旨**[05]、予め**ご承知おきください**[2]。
尚、本メールと同時に、正式の督促状も郵送致します。**万が一**[06]行き違いがございましたら、悪しからずご容赦ください。
まずは取り急ぎお知らせまで。

楊右行

****

株式会社弘揚商事
営業部　楊右行

E-mail：yang01@hotmail.com　TEL：○○○○-○○○○　（内線）○○○

FAX：○○○○-○○○○　〒○○○-○○○

中国北京市○○路○○号○○階

翻译

冠任具俱乐部

总经理

卜慧环女士：

祝您日益康泰。我是弘扬商业的杨（右行）。

9月12日的请款单（请款编号NO100912-12）向贵公司申请9月份的商品货款500万日元，距最后付款期限12月23日已经过了3天了，还没看到贵公司汇款，因此特地通知。这样下去，本公司在资金周转上也会吃紧，如此将不得不根据合约采取法律手段，这点请您预先有心理准备。

另外，发送本邮件的同时，也会邮寄正式的催账信函。万一寄达时贵公司已付款，还请别见怪。

先以此告知您一声。

杨右行

重点句解说

1. やむを得(え)ず

“やむを得(え)ず”中的“やむ”是“停止，中止”的意思，“得(え)る”是“得到，获得”的意思，搭配否定助词“ず”或“ない”来表示“无可避免，不得已，不得不……”的意思，属于惯用句，在句子里以副词角色担任修饰工作。其意思近于“仕方(しかた)ない[07]”，另外“やむなく[08]”这个副词也可表示相同意思。

やむを得(え)ない事情(じじょう)でお支払(しはら)いが延滞(えんたい)になる場合(ばあい)は予(あらかじ)めご連絡(れんらく)ください。

如有什么不得已的情况将导致付款延迟的话，请事先通知。

弊社(へいしゃ)の経理(けいり)処理上(しょりじょう)のため、やむを得(え)ず貴社(きしゃ)への出荷(しゅっか)は一旦(いったん)中止(ちゅうし)となります。

由于敝公司会计处理方面的原因，不得已必须先停止对贵公司的出货。

2. ご承知(しょうち)おきください

“おきください”中的“おき”是由表示“预先做好某一动作”的补助动词“おく”变化而来的。原则上“ご承知(しょうち)おきください”属于惯用句的用法，常用在告知对方可能会产生的情况，也就是要对方事先了解或者有心理上的准备。

応募者が大変多いため、全員にご返信[09]できないことを、予めご承知おきください。

由于应征者过多，请体谅我们没有办法回信给所有人。

これはあくまでも予測[10]の結果ということをご承知おきください。

请您理解这只不过是预测的结果。

可能会遇到的句子

1. 次回ご入金する予定日をご連絡ください。 请告知下一次打款的预定日期。
2. 何らか[11]の手違いにより、ご入金できませんでしたかと拝察[12]致します。
   我猜想可能是因为出了什么差错导致您没能打款成功。
3. お支払いできない件につきましてのご説明を強く[13]お願い申し上げます。
   我们强烈要求贵公司针对未能付款一事做说明。
4. ご請求残高の明細は添付ファイルにてご確認ください。
   请款余额的明细表请参考附件确定。

必背关键单词

01. 経過【けいか】⓪
名／自Ⅲ：经过，过程

02. 入金【にゅうきん】⓪
名／自Ⅲ：汇款，付款

03. やむを得ず【やむをえず】❹
惯：无可避免，不得已，无可奈何，不得不

04. 訴える【うったえる】❹
他Ⅱ：诉讼，控诉，诉求

05. 旨【むね】❷
名：意思，要领，主旨

06. 万が一【まんがいち】❸
名／副：万一

07. 仕方ない【しかたない】❹
イ：没办法

08. やむなく ❷
副：无可避免，不得已，无可奈何，不得不

09. 返信【へんしん】⓪
名／自Ⅲ：回信，回电

10. 予測【よそく】⓪
名／他Ⅲ：预测，预料

11. 何らか【なんらか】❹
副：什么，某些，多少

12. 拝察【はいさつ】⓪
名／自Ⅲ：推测，推想

13. 強い【つよい】❷
イ：强烈，激烈，坚固

02 催促估价单

E-mail本文

To: "中野翔太"nakano_syouta@japan.com.tw

Cc:

Bcc:

Subject: 見積書送付のお願い

中野　様

いつもお世話になっております。弘揚商事の楊です。

さて、先般ご依頼申し上げました貴社生産の電源**アダプター**[01]の見積書はお約束の日を三日経過しているが、手元に届いておりません。弊社と致しましても、お客様から納期の**プレッシャー**[02]をかけられておりますので、来週の月曜日までに到着するようお送り頂けなければ、**発注**[03]**致しかねます**[1]。

つきましては、お忙しいところで大変申し訳ございませんが、来週の月曜日（24日）弊社**必着**[04]**にて**[2]お送りくださいますようお願い申し上げます。

尚、行き違いがございましたら、悪しからずご容赦ください。

取り急ぎお願いまで、失礼致します。

楊婷儀

****

株式会社弘揚商事
営業部楊婷儀

E-mail：yang02@hotmail.com　TEL：○○○○-○○○○　（内線）○○○

FAX：○○○○-○○○○　〒○○○-○○○

中国北京市○○路○○号○○階

翻译

中野先生：

平时承蒙您照顾了。我是弘扬商业的杨（婷仪）。

日前拜托您发过来的贵公司生产的电源转接器的估价单，现在已经超过和您约定的日期三天了，敝公司也受到了来自客户方面的交货压力，因此下星期一如果您还没能送到我手中的话，我们可能很难订购了。

因此，虽然很抱歉，但是还是麻烦您在百忙之中于下星期一（24日）当天务必送到。

另外，如果您已经送出估价单的话，还请多多见谅。

先以此请求您多多配合。

杨婷仪

重点句解说

1. 発注(はっちゅう)致(いた)しかねます

“かねる”加在动词“マス”形后面，则可以表示可能无法做该动作的意思，中文多译为“很难……，无法……”。此用法和单纯表示可能语气的“かもしれない”有所不同，“かねる”通常含有想做却办不到之类的含意，而在本文中则是带有“就算我想，可是因为种种原因所以可能无法跟您订购”这样的含意，其他例如：

先月(せんげつ)の代金(だいきん)が未払(みはら)い[05]のままでは、ご注文(ちゅうもん)を引(ひ)き受(う)けかねます[06]。
在上个月的货款还没支付的状况下很难接受您的订购。

このお値段(ねだん)だと手(て)を出(だ)しかねます。这个价钱的话很难出手。

2. 必着(ひっちゃく)にて

“必着(ひっちゃく)”是规定时间内一定要送的意思。在一些申请书或者报名表里面都会写明“必着(ひっちゃく)”的日期，这和“消印有効(けしいんゆうこう)”不一样。“消印有効(けしいんゆうこう)”就是所谓的“邮戳凭证”，例如上面写着“3月(がつ)15日(にち)消印有効(けしいんゆうこう)”就表示只要邮戳是盖这一天的日期的话就视为在规定时间内寄出，对方

将会受理。而如果是“3月15日必着”的话就是表示无论是平信、限时、快递或其他方式，必须要在3月15日这一天到达才算在时间内，因此为求保险起见，对于“必着”的东西还是早点寄送会比较好。

日文E-mail
高频率使用例句

可能会遇到的句子

1. お願いお疲れ様です原材料は、季節商品に使用する予定ですので、できるだけ[07]早めにお見積書を頂いて発注致したく存じます。

   拜托你们的原料是要用在季节性商品中，因此想要尽早收到估价单并订购。

2. 来週の月曜日、お見積書はまだ到着していない場合、貴社への発注を見合わせる[08]ことを考えなければなりません。

   下星期一若是报价单尚未寄到的话，就必须重新考虑向贵公司订购一事了。

3. 正式[09]の見積書を頂かないと、弊社と致しましても注文致しかねます

   正式的估价单不给我们的话，站在敝公司的立场来讲也很难订购。

4. 何か手違いによりご送付が遅れていると拝察しておりますが、至急にご確認お願い申し上げます。 我想可能是出了什么差错导致寄送慢了点，请尽快确认。

必背关键单词

01. アダプター ❷
名：接合器，转接器

02. プレッシャー ❷
名：（精神上的）压力

03. 発注【はっちゅう】⓪
名／他III：订货，订购

04. 必着【ひっちゃく】⓪
名：必定送达

05. 未払い【みばらい】❷
名：未付

06. 引き受ける【ひきうける】❹
他II：承包，接受，承担，负责

07. できるだけ ⓪
副：尽可能，尽量

08. 見合わせる【みあわせる】⓪
他II：互相对照，互看，暂缓，观望

09. 正式【せいしき】⓪
名／ナ：正式，正规

03 催促履行契约

E-mail本文

To: custom@greenserver.com

Cc:

Bcc:

Subject: 定期(ていき)**保守**(ほしゅ)[01]のお願(ねが)い

グリーン[02]**サーバー**[03]

アフターサービス[04]センター

保守(ほしゅ)問(と)い合(あ)わせ係(かか)り　様(さま)

時下(じか)貴社(きしゃ)ますますご隆盛(りゅうせい)のこととお慶(よろこ)び申(もう)し上(あ)げます。

さて、貴社(きしゃ)とのサーバー年間(ねんかん)保守(ほしゅ)契約(けいやく)に基(もと)づくと、年間(ねんかん)3回(かい)でサーバーの保守(ほしゅ)**点検**(てんけん)[05]を行(おこな)うことになっております。

今年(ことし)既(すで)に2回(かい)ご来社(らいしゃ)頂(いただ)きましたが、3回目(かいめ)は点検(てんけん)の予定(よてい)時期(じき)を大幅(おおはば)に遅(おく)れております。弊社(へいしゃ)のサーバーは24時間(じかん)稼動(かどう)のため、**定期点検なしに**(ていきてんけん)[1]稼動(かどう)し続(つづ)けるのは**リスク**[06]が高(たか)いでございます。つきましては、今週中(こんしゅうちゅう)に点検(てんけん)にご来社(らいしゃ)頂(いただ)きますよう再三(さいさん)お願(ねが)い申(もう)し上(あ)げます。

尚(なお)、本連絡(ほんれんらく)と行(ゆ)き違(ちが)いに日程(にってい)が決(き)めていただいた場合(ばあい)は、**失礼の段**(しつれいだん)[2]お許(ゆる)しくださいますようお願(ねが)い申(もう)し上(あ)げます。取(と)り急(いそ)ぎ**履行**(りこう)[07]のお願(ねが)いまで。

許學宇(きょがくう)

****

株式会社弘揚商事(かぶしきがいしゃこうようしょうじ)
許學宇(きょがくう)
E-mail：xu52142@hotmail.com　TEL：○○○○-○○○○　（内線(ないせん)）○○○
FAX：○○○○-○○○○　〒○○○-○○○
中国北京市(ちゅうごくぺきんし)○○路(ろ)○○号(ごう)○○階(かい)

翻译

绿色服务

售后服务中心

保养咨询负责人：

敬祝贵公司蒸蒸日上。

根据和贵公司签订的服务器保养合约，1年有3次保养检查。

今年已经来了2次，但是第3次却已经远远超过预定的检查时间。敝公司的服务器因为是24小时运转，所以没有进行定期检查就让其继续运转是有很大的风险的。再三地请求于本周内到本公司进行维护。

另外，如果贵公司已经决定好日期的话，冒昧失礼之处还多请原谅。先以此请求贵公司履行合约。

许学宇

重点句解说

1. 定期点検なしに

“なしに”接在动作性的名词之后，表示未进行该动作的状态下进行另一动作。此种动作性的名词多为可以同时作名词和动词的第三类动词，例如文中的“点検”以及下列例句中的“予約”和“告知”。

予約[08]なしに直接お客様に訪問[09]するのは、大変失礼な行為です。
没有预约就直接去拜访客户是非常不礼貌的行为。

事前告知[10]なしに一方的[11]に契約を中止するのはありえない[12]話です。
没有事先告知就单方面中止合约是不可能的事。

2. 失礼の段

在书信或者文章里，有时可以见到“…の段”这样的用法，此时的“段”属于形式名词，也就是可以将前面叙述的内容整合起来，使其变成名词，进而针对这个特别大（或者说长）的名词来进行叙述或者修饰。常见的说法还有：

ご無礼の段お詫び致します。 如有不周之处相当抱歉。

時下ますますご健勝の段、お慶び申し上げます。 敬祝健康。

可能会遇到的句子

1. 今後は契約どおり点検していただくようお願い申し上げます。

   今后恳求您依照约定帮我们进行检查。

2. 電話でも催促[13]致しましたが、ご返答は未だにございません。

   也用电话催促过了，但是现在仍然没有回应。

3. お約束の期間内に対応していただけないと、契約不履行と見なし、契約に基づいて法的処置[14]を取らせていただきます。

   在约定期间若是还没能帮忙处理的话，将视为不履行合约并且根据合约采取法律措施。

4. 貴社今回の対応の姿勢[15]は、両方の信頼関係に傷つくことになります。

   贵公司这次的处理态度伤害了双方的信赖关系。

必背关键单词

01. 保守【ほしゅ】❶
名 / 他Ⅲ: 保养，维护，维修

02. グリーン ❷
名: 绿色

03. サーバー ❶
名: 服务器，服务

04. アフターサービス ❺
名: 售后服务

05. 点検【てんけん】⓪
名 / 他Ⅲ: 检查

06. リスク ❶
名: 风险，危险

07. 履行【りこう】⓪
名 / 他Ⅲ: 履行，实践

08. 予約【よやく】⓪
名 / 他Ⅲ: 预约，预定

09. 訪問【ほうもん】⓪
名 / 他Ⅲ: 访问，拜访

10. 告知【こくち】❶
名 / 他Ⅲ: 告知，通知

11. 一方的【いっぽうてき】⓪
ナ: 单方面，一方面

12. ありえない ❸
惯: 不可能

13. 催促【さいそく】❶
名 / 他Ⅲ: 催促，催讨

14. 返答【へんとう】❸
名 / 他Ⅲ: 回答，回信，回复

15. 処置【しょち】❶
名 / 他Ⅲ: 处理，处置，治疗

16. 姿勢【しせい】⓪
名: 态度，姿势

01 生病慰问

E-mail本文

To "小林武"takeshi-kobayasi@japan.co.jp

Cc

Bcc

Subject お見舞い申し上げます

小林 様

ますます暑くなり、寝苦しい毎夜を**迎えて**[01]おります。
お**体**[02]の**具合**[03]は如何ですか。
先週の金曜日貴社営業部の浜田さんから私立病院に緊急入院なさった[1]と伺い、大変**驚いて**[04]おります。皆様の**頼り**[05]になる存在がため、ご**無理**[06]をなさったのではないかと拝察しております。

暫く家電製品課の鈴木様が代行なさるとご連絡を頂きましたので、この際は[2]、どうかご**養生**[07]だけに専念なさいまして、一日も早くご**全快**[08]なさるよう心よりお祈り申し上げます。

近々お見舞いに参上致しますが、まずは取り急ぎ書面にてお見舞い申し上げます。
李耀輝

****
株式会社弘揚商事
営業部長 李耀輝

E-mail：li01@hotmail.com

TEL：○○○○-○○○○ （内線）○○○

FAX：○○○○-○○○○ 〒○○○-○○○

中国北京市○○路○○号○○階

翻译

小林先生：

天气越来越热，每晚都难以入眠。

您身体状况如何？

上周五听贵公司营业部的滨田先生说您紧急住进私立医院，我感到非常意外。我想，可能您一直为大家所仰赖，太过勉强自己了。

我已接到通知，暂时由家电产品科的铃木先生来代替你的位置，您就趁这段时间专心养病，期待您早日康复。

近期将会去探望您，先以书面形式向跟您致上慰问。

李耀辉

重点句解说

1. 入院なさった

当对方是长辈或者是需要表示敬意的对象时，在提到对方的动作时，必须以尊敬语来表示尊重，而第三类动词的尊敬语只要将“する”改成“なさる”就可以了。此外，“なさる”接上“て/た”的时候会产生促音变成“なさって/なさった”，接“ます”时会变成“なさいます”。

在这里，对象是有生意往来的经理级人物，自然需要表示敬意，因此在提到对方的动作时都会以尊敬语来表示。

2. この際は

“際”是指特殊的时间、状况，并且当后面接意图清楚的内容或者是具有正面积极态度的内容时才适用，像本文中“この際は”是指入院这个特殊的时间，后面则有劝其好好养病并祝其早日康复的强烈意志。其他例如：

地震の際に備えて、地震対策をとっておきましょう。

预先采取防震措施，为发生地震作准备吧。

会議の際、人事改選を提出します。会议时将提出人事改选案。

3. 生病慰问信

在以往慰问信都是寄给病患的亲友家属或同事，由其代为转达，这多半是因为本人可能在医院等理由比较难收到信件，但是现在有许多医院在其网页上设置了所谓的“お見舞いメール”的系统（如下面例句3所示），住院病患可以立即收到慰问的信件，因此在格式上也带有电子邮件简洁的特性。不过，当然是希望各位读者没有机会用到本篇内容以及这项功能。

可能会遇到的句子

1. お見舞いが遅れまして、誠に失礼致しました。

   探望迟了些，真的很抱歉。

2. 回復は順 調と伺いまして、大変安堵[09]しております。

   听说您恢复得很好，这让我感到非常放心。

3. お見舞いに参りたいですが、かえって騒がせてご迷惑をお掛け致しかねないと思い、とりあえず院内のお見舞いメールシステムを借りてお見舞い申し上げます。

   虽然想过去探望您，但是又怕反而惊扰到您，可能会对您造成困扰，因此先借用院内的慰问电子邮件系统致上慰问之意。

4. 首[10]を長くして野田さんの復帰をお待ちしております。

   我们引颈期盼野田先生的归来。

必背关键单词

01. 迎える【むかえる】⓪
他II：迎接，迎敌，接待

02. 体【からだ】⓪
名：身体，体质，身材

03. 具合【ぐあい】⓪
名：状况，情况，健康情况，方便

04. 驚く【おどろく】③
自I：惊讶，害怕，出乎意料

05. 頼り【たより】❶
名：依靠，依赖，借助

06. 無理【むり】❶
名/ナ：勉强，不合理，强制

07. 養生【ようじょう】③
名/自III：养病，养生，疗养

08. 全快【ぜんかい】⓪
名/自III：痊愈

09. 安堵【あんど】❶
名/自III：放心，安心

10. 首【くび】⓪
名：脑袋，头

02 慰问地震灾害

E-mail本文

To	"小林 武"takeshi-kobayasi@japan.co.jp
Cc	
Bcc	
Subject	地震のお見舞い

小林　様

昨日夜の地震で**さぞ**[01]驚かれたことでしょう。弘揚商事の李耀輝です。

今朝テレビ**ニュース**[02]で、貴社の本部が設置された建物が地震によって**倒壊しました**[03]と**報じて**[04]おりました。**さぞかし**[05]お力落としのことと存じます[1]。幸い、負傷者が出なかったことで、**胸を撫でおろして**[06]いるところでございます[2]。

皆様のご心痛は**如何ばかり**[07]かと察し致します。運営機能を1日も早くご**復興**[08]のことをお祈り申し上げます。お**取り込み**[09]のこととは推察致しますが、くれぐれもご体調を**崩さない**[10]よう、お気をお付けください。また、私どもでお役に立てることがあれば、是非ご遠慮なく**何なり**[11]とお申し付けください。

まずは、取り急ぎ書面でお見舞いまで。

李耀輝

****

株式会社弘揚商事
営業部長　李耀輝
E-mail：li01@hotmail.com.tw　TEL：○○○○-○○○○　（内線）○○○
FAX：○○○○-○○○○　〒○○○-○○○
中国北京市○○路○○号○○階

翻译

小林先生：

昨晚地震想必您受惊了吧。我是弘扬商业的李耀辉。

今天早上的电视新闻里，报导了贵公司总部所在的大楼因地震倒塌了。我想您一定十分难过。幸好没有出现人员伤亡，我也松了一口气了。

我想我能体谅到各位有多心痛。祝贵公司能早日恢复营运。接下来应该会相当忙碌，但是还请多加小心别伤了身体。此外，如果有什么我们可以帮忙的地方请告诉我。

先以书面形式致上慰问之意。

李耀辉

日文E-mail
语法重点解析

重点句解说

1. お力落としのことと存じます

“力落とし”是“灰心、泄气”的意思，文中另外一词“心痛”的意思如同汉字所示，表示“心痛”。还有“気の毒”（可怜，遗憾）、“残念”（遗憾，懊悔）、“無念[12]”（悔恨，遗憾）等词都可以表示遗憾。

2. 胸を撫でおろしているところでございます

“胸を撫でおろす”是“松一口气”的意思，这是在得知对方无人员伤亡后松了一口气，属于担心对方的句子。此外常见的担忧对方的句子还有：

被害がおありではなかったかと案じております。担心不知道是否有受到伤害。

負傷者が出ないよう祈っております。祈求着别出现伤者。

可能会遇到的句子

1. 及ばずながら[13]、お力になりたいと存じます。**尽管能力有限，还是想尽一份力。**
2. 貴社周辺には多大な被害が及ぼしたとお聞きしました。

   听说贵公司周边受害严重。

3. 負傷者（ふしょうしゃ）がないと聞（き）いてひとまず安心（あんしん）しました。

听说没有人员伤亡暂时得以安心了。

4. ご自宅（じたく）のほうはご無事（ぶじ）なのでしょうか。贵府是否安然无恙？

必背关键单词

01. さぞ ❶
副：想必，一定是

02. ニュース ❶
名：新闻，事件

03. 倒壊【とうかい】⓿
名 / 自Ⅲ：倒塌，倾倒

04. 報じる【ほうじる】⓿
他Ⅱ：报导，报告

05. さぞかし ❶
副：想必，一定是

06. 撫で下ろす【なでおろす】❹
他Ⅰ：松一口气，安心

07. 如何ばかり【いかばかり】❸
副：如何，多么

08. 復興【ふっこう】⓿
名 / 自他Ⅲ：复兴，重建，复原

09. 取り込み【とりこみ】⓿
名：（因意外事故等）忙乱

10. 崩す【くずす】❷
他Ⅰ：粉碎，摧毁，捣毁

11. 何なり【なんなり】❶
副：不管什么，无论什么

12. 無念【むねん】❶
名 / ナ：悔恨，遗憾

13. 及ばずながら【およばずながら】❺
副：尽管能力有限，尽管能力微薄

了解关键词之后，也要知道怎么写，试着写在下面的格子里。

03 慰问火灾灾害

E-mail本文

To "田中　翔 "tanaka_01@japan-ic.co.jp

Cc

Bcc

Subject 工場火災のお見舞い

田中　様

いつもお世話になっております。弘揚商事の林です。

この度、貴社工場が**全焼**[01]したとのこと、誠に気の毒のことで心からお見舞い申し上げます。

負傷者がない由、不幸中の幸い**とは言え**[1]、皆様のお**力落とし**[02]はお察し申し上げます。完全復興まで、少々時間がかかると拝察致しますが、一日も早いご**再建**[03]のほど、衷心より**お祈り申し上げるばかりです**[2]。

また、弊社でできることがございましたら、どうぞ遠慮なく何なりお申し付けください。微力ながら、できる限りのご**援助**[04]をさせていただきたく存じます。

まずは、取り急ぎ書面にてお見舞い申し上げます。

林嘉劭

****

株式会社弘揚商事

営業部林嘉劭

E-mail：lin05@hotmail.com　TEL：○○○○-○○○○　（内線）○○○

FAX：○○○○-○○○○　〒○○○-○○○

中国北京市○○路○○号○○階

翻译

田中先生：

平时承蒙您照顾了。我是弘扬商业的林（嘉劭）。

这次听说贵公司工厂全部被烧毁，我打从心底感到遗憾，特致上慰问。

虽说没有人员伤亡已是不幸中的大幸，但我能体会各位难过沮丧的心情。我想到完全恢复，还需要稍微花一点时间，衷心祝福贵公司能早日重建。此外，如果有敝公司可以帮得上忙的地方，请别客气，不管什么事都尽管交代。虽是绵薄之力，但会尽量帮助贵公司的。

先以书面形式致上慰问。

林嘉劭

重点句解说

1. …とは言(い)え

“とは言(い)え”可以接在用言、体言之后，用来表示前面内容所推测出来的结果、事项和后面内容不相符合。像在这里“不幸中(ふこうちゅう)の幸(さいわ)いとは言(い)え”（虽说是不幸中的大幸，但是……）就是表现并没有因为不幸中的大幸感到快乐，并且了解对方难过沮丧的心情。

インターネットは便利(べんり)というメリット[05]があるとは言(い)え、個人情報(こじんじょうほう)の流失(りゅうしつ)などのデメリット[06]もあります。
虽说网络有方便这个优点，但也有个人信息外流等缺点。

大手企業(おおてきぎょう)に就職(しゅうしょく)できたとは言(い)え、必(かなら)ず給料(きゅうりょう)が多(おお)いとは限(かぎ)りません。
虽然能进大公司工作，但也不见得薪水就多。

2. お祈(いの)り申(もう)し上(あ)げるばかりです。

“ばかり”原本是“限定，刚刚”的意思，但是放在动词的辞书形之后，则可以表示该动作程度上的极限，也就是将一个动作做到极限。所以“お祈(いの)り申(もう)し上(あ)げるばかりです”就是“最诚挚，最深切的祝福”的意思。其他例如：

亡(な)くなった[07]方(ほう)のご冥福(めいふく)をお祈(いの)り申(もう)し上(あ)げるばかりです。 为死去的人深切地祈求冥福。

前(まえ)の会社(かいしゃ)で頑張(がんば)る[08]ばかりでしたが、結局(けっきょく)[09]ちゃんと評価(ひょうか)してもらえませんでした。
在之前的公司虽然拼命得不得了，结果却没能得到公正的评价。

日文E-mail 高频率使用例句

可能会遇到的句子

1. 貴工場ご一同がご無事であることをひたすらお祈り申し上げます。

一心祈求贵工厂所有同仁平安无事。

2. ご被害の軽微[10]であらんことを願っております。祈求着你们只是轻微受损。

3. くれぐれもご無理をなさいませんよう、ご自愛ください。

请爱惜自己，不要太过勉强。

4. ご無事で何よりです。平安无事比什么都重要。

必背关键单词

01. 全焼【ぜんしょう】⓿
名 / 自Ⅲ：全部烧毁，付之一炬

02. 力落とし【ちからおとし】❹
名：灰心，泄气，气馁

03. 再建【さいけん】⓿
名 / 他Ⅲ：重修，重建

04. 援助【えんじょ】❶
名 / 他Ⅲ：援助，帮助

05. メリット ❶
名：优点，长处，价值

06. デメリット ❷
名：缺点，短处

07. 亡くなる【なくなる】⓿
自Ⅰ：死亡，过世

08. 頑張る【がんばる】❸
自Ⅰ：拼命，努力，加油

09. 結局【けっきょく】❹
名 / 副：结果，到头来，最后

10. 軽微【けいび】❶
名 / ナ：轻微，极少

了解关键词之后，也要知道怎么写，试着写在下面的格子里。

日文E-mail常见用语

01. 常见头语和结语的组合

日语的“頭語（とうご）”和“結語（けつご）”分别相当于中文的启事敬词（敬启者等）和末启词（敬上等），但日语一般以书信种类区分，中文一般以对象来区分，因此不建议把两者视为相对应的内容。

一般书信

頭語（とうご）　拝啓（はいけい）・拝呈（はいてい）・一筆（いっぴつ）申し上（あ）げます　**敬启者・谨呈・谨呈此信**

結語（けつご）　敬具（けいぐ）・拝具（はいぐ）・かしこ（女性用語）・さようなら

敬启・谨启・敬具，敬白（女性用语）・再见

比较郑重的书信

頭語（とうご）　謹啓（きんけい）・粛啓（しゅくけい）・謹呈（きんてい）　**敬启者・敬启者・谨呈**

結語（けつご）　敬白（けいはく）・謹言（きんげん）・再拝（さいはい）・頓首（とんしゅ）・かしこ（女性用語）

敬白・谨启・敬启・顿首・敬具，敬白（女性用语）

紧急书信

頭語（とうご）　急啓（きゅうけい）・急白（きゅうびゃく）・急呈（きゅうてい）

三者都相当于“拝啓”，不过适用于紧急情况，并无特别对应中文

結語（けつご）　草々（そうそう）・敬具（けいぐ）・不一（ふいつ）・かしこ（女性用語）

草草・谨启・书不尽言・敬具，敬白（女性用语）

重复寄送时

頭語（とうご）　再啓（さいけい）・再呈（さいてい）・追呈（ついてい）・追啓（ついけい）　**以上都是“再次，重申”之意**

結語（けつご）　敬具（けいぐ）・拝具（はいぐ）・再拝（さいはい）　**谨启・谨启・敬启**

前文省略时

頭語（とうご）　前略（ぜんりゃく）・略啓（りゃくけい）・冠省（かんしょう）　**前略・略启・敬启者**

結語（けつご）　草々（そうそう）・不尽（ふじん）・不一（ふいつ）・不備（ふび）　**草草・后三者意思皆同“书不尽言”**

回信时

頭語（とうご）　拝復（はいふく）・復啓（ふくけい）・謹復（きんぷく）　**敬复者・复启・谨复**

結語（けつご）　敬具（けいぐ）・拝具（はいぐ）・拝答（はいとう）・かしこ（女性用語）

谨启・谨启・拜答・敬具，敬白（女性用语）

02. 感谢的陈述语

いつもお世話になっております。**平时承蒙您照顾。**

いつも大変お世話になっております。**平时很受您照顾。**

いつもお世話になり、ありがとうございます。**平时受您照顾，谢谢您。**

その節は大変お世話になり、ありがとうございます。**那时候非常受您照顾，谢谢您。**

いつもご利用ありがとうございます。**谢谢您平时的使用。**

いつも弊社サービスをご利用 頂き、お礼を申し上げます。

平时一直依赖敝公司的服务，很感谢。

いつも格別のご協力を頂き、ありがとうございます。**谢谢您总是特别给予我帮助。**

いつもお引き立て頂き、誠にありがとうございます。**平时承蒙您关照，真的很谢谢您。**

平素はお引立て頂き、誠にありがとうございます。**平常就承蒙您关照，真的很谢谢您。**

平素は格別のお引立てを頂き、ありがとうございます。**平常承蒙您特别关照，谢谢您。**

平素は格別のお引立てに預り、厚く御礼申し上げます。**平常承蒙您特别关照，感激不尽。**

平素は格別のお引立てを賜りまして誠にありがとうございます。

平时承蒙您特别关照，真的很谢谢您。

平素は格別のご愛顧を賜り、厚く御礼申し上げます。

平时承蒙您特别惠顾，致上深厚的谢意。

平素はご愛顧を賜り、誠にありがとうございます。**平时承蒙您的惠顾，真的很谢谢您。**

平素はご愛顧を賜り、厚くお礼申し上げます。**平时承蒙您的惠顾，致上深厚的谢意。**

日頃よりご愛顧を賜わり、厚くお礼申し上げます。

平日就承蒙您的惠顾，致上深厚的谢意。

日頃より格別のご愛顧を賜り、心より御礼申し上げます。

平日就承蒙您特别惠顾，打从心里感谢您。

日頃より格別のご愛顧を賜り、従業員一同心より感謝しております。

平日就承蒙您特别惠顾，所有业务人员都打从心里感谢您。

日頃より弊社製品をご利用頂きまして、誠にありがとうございます。

平日就承蒙您使用敝公司的产品，真的很谢谢您。

日頃は一方ならぬご愛顧を賜り、心より御礼を申し上げます。

平日就格外受到您惠顾，打从心里感谢您。

ご無沙汰しております。**久未问候 / 久未通信。**

先日はありがとうございました。**前几天多谢您了。**

早速のご連絡ありがとうございます。**谢谢您及时联系我。**

ご連絡が遅くなり、大変申し訳ございません。**非常抱歉延迟联系您。**

ご連絡ありがとうございます。**谢谢您的联系。**

ご連絡頂きありがとうございます。**谢谢您联系我。**

03. 末文招呼语

今後ともよろしくお願い致します。**今后也请多多指教。**

今後もお付き合いよろしくお願い致します。**今后的往来也请多多指教。**

今後ともお引き立ての程をよろしくお願い致します。**今后也请多多给予关照。**

今後ともお引き立てくださいますようお願い申し上げます。**恳请您今后也请给予关照。**

今後とも引き続きよろしくお願い致します。**今后也请继续多多指教。**

今後ともよろしくご愛顧のほどお願い致します。**恳请您今后也多加惠顾。**

これまで同様お引立てくださいますようお願い申し上げます。

恳请您给予我们和以往相同的关照。

ご連絡お待ちしております。**等候您的联系。**

ご連絡を賜りますようお願い致します。**恳请您与我联系。**

ご連絡頂けますと幸いです。**如您愿意联系我那就太好了。**

ご連絡をお待ち申し上げます。**等候您的联系。**

ご連絡頂きますようお願い申し上げます。**恳请您和我联系。**

ご対応頂きますようお願い致します。**恳请您帮我处理。**

ご指示ください。**请指示。**

ご指示頂きますようお願い致します。**恳请您指示。**

お返事頂けると幸いです。**如能得您回复，那就太好了。**

お返事をお待ち申し上げております。**等候您的回复。**

お返事頂きますようお願い致します。**恳请您给我回复。**

ご協力よろしくお願い致します。**恳请您多多协助。**

ご協力いただけますようお願い申し上げます。**恳请您给予我协助。**

その節は、よろしくお願い致します。**那时候就请您多多关照了。**

大変勝手ではございますが、よろしくお願い致します。**虽然很任性，还请多多关照。**

誠に勝手なお願いではございますが、よろしくお願い致します。

真的是很任性的要求，但是还是请多帮忙。

ご検討くださいますようお願い申し上げます。**恳请您多研究。**

ぜひご検討頂きますようお願い申し上げます。**恳请您务必帮我多研究。**

ぜひ一度ご覧頂きますようお願い致します。**恳请您务必帮我过目一遍。**

まずはお礼まで。**先跟您致谢。**

まずは取り急ぎお礼まで。**先赶紧跟您说声谢谢。**

まずは取り急ぎお返事まで。**先赶紧跟您回复。**

取り急ぎご連絡申し上げます。**赶紧跟您联系。**

取り急ぎお知らせ致します。**赶紧跟您知会一声。**

それでは失礼致します。**那就先写到这。**

何卒ご了承ください。**请见谅。**

お詫び申し上げます。**致上歉意。**

深くお詫び申し上げます。**致上最深的歉意。**

悪しからずご容赦ください。**请勿见怪。**

重ねてお詫び申し上げます。**再次致上歉意。**

ご期待に沿えず、申し訳ありませんでした。**无法达成您的期待，真的很抱歉。**

ご理解の上ご容赦頂きますようお願い申し上げます。**恳请您多加谅解并宽恕我。**

ご高察の上ご理解頂きますようお願い申し上げます。**恳请您明察并体谅我。**

04. 委婉的说法

后面多接请求、造成对方不便之类的说法

ご多忙中とは存じますが… **我知道您很忙……**

ご足労をおかけして申し訳ございませんが… **劳驾您真的是很抱歉……**

ご面倒をおかけ致しますが **虽然给您带来麻烦……**

お手数ですが… **虽然麻烦……**

お手数をおかけ致しますが… **虽然给您带来麻烦……**

お忙しいところ大変恐縮ですが… **在您繁忙之际非常惶恐……**

お差し支えなければ… **如果不妨碍到您的话……**

お手透きの時で結構ですので… **等您有空时……**

恐れ入りますが… **虽然惶恐……**

誠に勝手ながら… **虽然真的很任性……**

誠に恐れ入りますが… **虽然真的非常惶恐……**

勝手を申し上げて恐縮ですが… **虽然提出任性的要求感到非常惶恐……**

生憎ですが… **很不凑巧的……**

大変残念ですが… **非常遗憾的……**

せっかくですが… **虽然特地…… / 虽然好不容易……**

申し訳ございませんが… **虽然很抱歉……**

大変心苦しいのですが…　**虽然很痛心…… / 虽然心里很不安……**

ありがたいお話ではございますが…　**虽然是非常难得的案子（提案，建议等话题内容）……**

失礼とは存じますが…　**虽然知道很失礼……**

大変申し上げにくいのですが…　**虽然非常难以启齿……**

何度も申し訳ございませんが…　**一而再再而三真的非常抱歉，但是……**

早速ですが、…　**虽然仓促……**

もしよろしければ、…　**如果可以的话……**

ご迷惑でなければ、…　**如果不会造成您的困扰的话……**

ご都合がよろしければ、…　**如果您时间上允许的话……**

05. 必背关键单词索引

あ

新た【あらた】❶
ナ：新的 Unit2-04

アラブ首長国連邦【あらぶしゅちょうこくれんぽう】❾
名：阿拉伯联合酋长国 Unit05-04

ありえない ❸
惯：不可能 Unit9-03

有難い【ありがたい】❹
イ：难得的，少有的 Unit6-02

歩く【あるく】❷
自Ⅰ：走，步行 Unit6-05

合わせ【あわせ】❸
名：调和 Unit5-04

合わせる【あわせる】❸
他Ⅱ：合并，配合，调和 Unit5-07

慌しい【あわただしい】❺
イ：慌乱，忙乱 Unit4-02

案じる【あんじる】⓿
他Ⅱ：挂念，担心，想 Unit4-12

安堵【あんど】❶
名／自Ⅲ：放心，安心 Unit10-01

案内【あんない】❸
名／他Ⅲ：引导，导向，导游 Unit1-01

い

如何【いかが】❷
副：如何，怎样 Unit4-05

医学【いがく】❶
名：医学 Unit5-04

生かす【いかす】❷
他Ⅰ：活用，弄活，留活命 Unit3-01

如何に【いかに】❷
副：如何，怎样 Unit5-09

如何ばかり【いかばかり】❸
副：如何，多么 Unit10-02

幾重にも【いくえにも】❶
副：深切地，恳切地，万分 Unit8-01

幾多【いくた】❶
副：几多，许多，多少 Unit4-11

居心地【いごこち】⓿
名：心情，感觉 Unit5-07

維持【いじ】❶
名／他Ⅲ：维持 Unit6-07

医者【いしゃ】⓿
名：医生 Unit5-09

至る【いたる】❷
自Ⅰ：到，到达，来临 Unit7-05

至る所【いたるところ】❷
名／副：到处 Unit6-02

一度【いちど】❷
名／副：一次，一回，一旦 Unit7-03

一層【いっそう】⓿
副／名：更，越；一层，第一层 Unit4-10

一旦【いったん】⓿
副：姑且，暂且，如果 Unit6-07

一致【いっち】⓿
名／自Ⅲ：一致，符合 Unit3-04

一方的【いっぽうてき】⓿
ナ：单方面，一方面 Unit9-03

イベント ❷
名：事件，结果 Unit5-02

未だに【いまだに】⓿
副：仍然 Unit7-05

イメージ ❷
名：形象 Unit3-07

依頼【いらい】⓿
名／自他Ⅲ：委托，请求 Unit8-01

居る【いる】⓿
自Ⅰ：保持，在 Unit5-05

癒す【いやす】❷
他Ⅰ：治疗，医治 Unit4-05

祝い【いわい】❷
名：祝贺 Unit1-02

祈り【いのり】❸
名：祈祷，祷告 Unit1-06

入り【いり】⓪
名：装有，带有 Unit6-08

要る【いる】⓪
自Ⅰ：需要，必要 Unit5-03

インサイダー取引【インサイダーとりひき】❼
名：内幕交易 Unit4-09

インターネット ❺
名：互联网 Unit7-06

インフルエンザ ❺
名：流行性感冒 Unit2-02

う

ウイルス ❷
名：病毒 Unit4-11

ウェブサイト ❸
名：网站 Unit6-12

伺う【うかがう】⓪
他Ⅰ：拜访，请教 Unit1-04

受け入れる【うけいれる】⓪
他Ⅱ：接纳，收容，采纳，同意 Unit4-13

受付【うけつけ】⓪
名：受理，接受，柜台 Unit2-03

受け取る【うけとる】⓪
他Ⅰ：领受，收，接受 Unit4-04

動き【うごき】⓪
名：活动，动向，变化 Unit4-14

動き出す【うごきだす】❹
自Ⅰ：启动，出动，迈出一步 Unit4-02

訴える【うったえる】❹
他Ⅱ：诉讼，控诉，诉求 Unit9-01

うち ⓪
名：己方，内部，家 Unit5-07

打ち合わせ【うちあわせ】⓪
名：商量，开会 Unit6-13

打ち切る【うちきる】❸
他Ⅰ：截止，切断 Unit5-06

写し【うつし】❸
名：副本，抄本 Unit3-04

腕が立つ【うでがたつ】⓪
惯：技术高超，卓越 Unit5-09

うまい ❷
イ：美味的，可口的 Unit4-02

売上げ【うりあげ】⓪
名：营业额 Unit4-14

上回る【うわまわる】❹
自Ⅰ：超出，超过 Unit6-08

運営【うんえい】❶
名/他Ⅲ：运用，经营 Unit3-04

運休【うんきゅう】⓪
名/他Ⅲ：停驶 Unit2-02

運賃【うんちん】❶
名：运费 Unit7-01

運用【うんよう】⓪
名/他Ⅲ：运用，活用 Unit5-07

え

営業マン【えいぎょうマン】❸
名：营业人员，业务员 Unit7-05

縁【えん】⓪
名：缘分 Unit1-03

援助【えんじょ】❶
名/他Ⅲ：援助，帮助 Unit10-03

延滞【えんたい】⓪
名/自Ⅲ：滞延 Unit6-10

円満【えんまん】⓪
名/ナ：圆满，美满 Unit1-05

遠慮【えんりょ】⓪
名/自他Ⅲ：客气，回避，谢绝 Unit3-04

エンジニア ❸
名：工程师 Unit3-03

お

於て【おいて】❶
惯：在，于 Unit2-03

おいで ⓪
名：在，在家（"居る"的尊敬语） Unit4-02

応じる【おうじる】⓪
自Ⅱ：按照，接受，应允 Unit6-04

オートメーション ❹
名：自动化 Unit6-08

応募【おうぼ】❶
名/自Ⅲ：应征 Unit2-01

応募者【おうぼしゃ】❸
名：应征者 Unit3-02

欧米【おうべい】⓪
名：欧美 Unit6-04

応用【おうよう】⓪
名/他Ⅲ：应用，活用 Unit6-06

大口【おおぐち】❶
名：大宗，大批，大嘴 Unit8-04

大手【おおて】❶
名：大公司，大企业 Unit5-09

大幅【おおはば】⓪
名/ナ：大幅 Unit3-06

大晦日【おおみそか】❸
名：除夕 Unit4-05

大物【おおもの】⓪
名：大人物，大的物品 Unit4-11

御蔭【おかげ】⓪
名：保佑，托……的福 Unit1-05

犯す【おかす】❷
他Ⅰ：犯（罪），冒犯 Unit3-05

送る【おくる】⓪
他Ⅰ：送，寄，送行，度过 Unit6-13

遅れる【おくれる】⓪
自Ⅱ：迟到，慢，落后 Unit5-11

お子様【おこさま】⓪
名：（别人的小孩）公子，千金 Unit4-12

お越し【おこし】⓪
名：去，来的尊敬语 Unit3-07

行う【おこなう】⓪
他Ⅰ：进行，做 Unit2-04

起こる【おこる】❷
自Ⅰ：发生 Unit6-13

抑える【おさえる】❸
他Ⅱ：压住，按住，阻止 Unit4-09

恐れ入ります【おそれいります】
惯：非常感谢，非常抱歉，非常惶恐 Unit7-04

落とす【おとす】❷
他Ⅰ：弄丢，遗漏，使掉下 Unit6-03

訪れる【おとずれる】❹
自Ⅱ：到临，访问，到来 Unit6-13

驚く【おどろく】❸
自Ⅰ：惊讶，害怕，出乎意料 Unit10-01

オフィス ❶
名：办公室，事务所 Unit6-04

思い【おもい】❷
名：思念，感觉，心情，心愿 Unit3-06

表【おもて】❸
名：表面，正面 Unit5-07

思わず【おもわず】❷
副：禁不住，意想不到 Unit4-05

及ばずながら【およばずながら】❺
副：尽管能力有限，尽管能力微薄 Unit10-02

及び【および】⓪
接：和，及 Unit5-03

及ぶ【およぶ】⓪
自Ⅰ：达到，匹敌，及得上 Unit6-06

及ぼす【およぼす】⓪
他Ⅰ：达到，波及 Unit3-08

折り返し【おりかえし】⓪
名：折返，回（回电话之类） Unit7-02

卸値【おろしね】❸
名：批发价格 Unit7-01

疎か【おろそか】❶
ナ：疏忽，草率 Unit2-02

温情【おんじょう】⓪
名：温情 Unit4-09

か

カード ❶
名：卡片，卡 Unit4-09

カートリッジ ❹
名：墨水管心 Unit6-09

買い上げ【かいあげ】⓪
名：购买，收购 Unit6-02

買掛金【かいかけきん】⓪
名：应付账款 Unit8-04

開催【かいさい】⓪
名/他Ⅲ：举办 Unit2-03

改称【かいしょう】⓪
名/他Ⅲ：改名，改称呼 Unit5-04

改善策【かいぜんさく】❺
名：改善计划，改善策略 Unit3-07

外注【がいちゅう】⓪
名/他Ⅲ：外包，向外部订货 Unit3-05

改定【かいてい】⓪
名/他Ⅲ：重新规定，改变 Unit6-07

快適【かいてき】⓪
ナ：舒适，畅快 Unit1-01

開発【かいはつ】⓪
名/他Ⅲ：开发 Unit4-01

開発者【かいはつしゃ】❹
名：开发者 Unit4-10

改編【かいへん】⓪
名/他Ⅲ：改组，改编 Unit6-04

解約【かいやく】⓪
名/他Ⅲ：解除合约 Unit6-03

返し【かえし】❸
名：还礼，回礼，回报 Unit4-12

かえって ❶
副：却，反而 Unit1-06

変える【かえる】⓪
他Ⅱ：改变 Unit6-03

価格【かかく】❶
名：价格 Unit6-07

輝く【かがやく】❸
自Ⅰ：光耀，闪耀 Unit6-01

係り【かかり】❶
名/尾：担任者，负责……的人 Unit6-01

関わる【かかわる】⓪
自Ⅰ：关系到……，牵涉到…… Unit7-05

下記【かき】❶
名：下列，以下所记 Unit3-04

書き上げる【かきあげる】⓪
他Ⅱ：写完，列入 Unit4-07

書留【かきとめ】⓪
名：挂号信 Unit6-12

確実【かくじつ】⓪
名/ナ：确实，可靠 Unit4-11

拡大【かくだい】⓪
名/自他Ⅲ：扩大 Unit2-04

確保【かくほ】❶
名/他Ⅲ：确保 Unit7-02

囲む【かこむ】⓪
他Ⅰ：包围 Unit5-10

重ね重ね【かさねがさね】❹
副：三番两次，衷心 Unit5-05

重ねて【かさねて】⓪
副：再一次地，重复 Unit8-01

重ねる【かさねる】⓪
他Ⅱ：重叠，屡次，再三 Unit7-05

飾る【かざる】⓪
他Ⅰ：装饰，陈列 Unit5-09

火事【かじ】❶
名：火灾 Unit4-13

貸切【かしきり】⓪
名：包租 Unit5-10

過日【かじつ】❶
名：前些日子 Unit3-05

画像【がぞう】⓪
名：影像，画像 Unit5-06

肩書【かたがき】⓪
名：头衔，职位 Unit5-05

形【かたち】❷
名：形态，形状 Unit6-08

カタログ ⓪
名：目录，型录 Unit4-03

且つ【かつ】❶
副/接：……且……；并且 Unit6-09

活気【かっき】⓪
名：活力，活泼，生动 Unit3-01

画期的【かっきてき】⓪
ナ：划时代的 Unit5-06

かつて ❶
副：从前，以前；从未，前所未有（后接“ない”） Unit8-01

勝手【かって】⓪
ナ：任意，随便，随意 Unit6-05

活発【かっぱつ】⓪
ナ：活泼，活跃 Unit3-08

稼動【かどう】⓪
名/自他Ⅲ：劳动，开动，运转 Unit4-04

必ず【かならず】⓪
副：一定，必然 Unit6-06

かなり ❶
副/ナ：相当，颇 Unit3-08

金繰り【きんぐり】⓪
名：资金周转 Unit8-04

兼ねる【かねる】❷
他Ⅱ：兼 Unit5-08

彼女【かのじょ】❶
代/名：她；女朋友 Unit4-08

カバー ❶
名：封面，弥补 Unit7-03

株主総会【かぶぬしそうかい】❺
名：股东大会 Unit6-01

構える【かまえる】❸
自他Ⅱ：修建，准备好，摆好姿势，自立门户 Unit4-06

カラオケ ⓪
名：卡拉OK Unit5-07

体【からだ】⓪
名：身体，体质，身材 Unit10-01

借りる【かりる】❹
他Ⅱ：借，借助 Unit5-05

変わる【かわる】⓪
自Ⅰ：变化，改变；奇特 Unit6-03

考え方【かんがえかた】❺
名：想法，思考方式 Unit3-04

考える【かんがえる】❹
他Ⅱ：思维，思索，考虑 Unit4-11

幹事【かんじ】❶
名：干事，活动的主办人，召集人 Unit5-01

感謝【かんしゃ】❶
名/自他Ⅲ：感谢 Unit1-05

願書【がんしょ】❶
名：申请书，报名表 Unit2-01

感心【かんしん】⓪
名/自Ⅲ：钦佩，佩服，值得赞美 Unit4-14

感染【かんせん】⓪
名/自Ⅲ：感染 Unit2-02

観点【かんてん】❸
名：观点，见地 Unit4-11

頑張る【がんばる】❸
自Ⅰ：拼命，努力，加油 Unit10-03

管理職【かんりしょく】❸
名：管理人员 Unit3-07

慣例【かんれい】⓪
名：惯例 Unit2-03

き

貴意【きい】❶
名：尊意，您的意思 Unit3-05

機会【きかい】❷
名：机会 Unit4-08

気軽【きがる】⓪
ナ：轻松，舒畅 Unit1-01

貴社【きしゃ】❶
名：贵公司 Unit2-04

技術【ぎじゅつ】❶
名：技术，工艺 Unit4-10

技術者【ぎじゅつしゃ】❸
名：技术人员 Unit3-03

傷【きず】⓪
名：伤口，创伤 Unit4-09

築き上げる【きずきあげる】❹
他Ⅱ：筑起，累积 Unit4-13

期待【きたい】⓪
名/他Ⅲ：期待，期望 Unit1-06

来たす【きたす】⓪
他Ⅰ：引起，招致 Unit7-05

貴重【きちょう】⓪
ナ：贵重，珍重 Unit6-13

気の毒【きのどく】❸
名/ナ：悲惨，可怜，遗憾 Unit4-02

厳しい【きびしい】❸
イ：严格的，严重的，残酷的 Unit4-11

気持ち【きもち】⓪
名：感受，心情，精神状态 Unit4-05

キャッチフレーズ ❺
名：广告标语，宣传标语 Unit6-02

キャンパス ❶
名：大学校园 Unit3-06

キャンペーン ❸
名：宣传活动，特别活动 Unit5-06

休暇【きゅうか】⓪
名：休假 Unit2-02

休業【きゅうぎょう】⓪
名/自Ⅲ：停止营业，休息 Unit6-05

求人【きゅうじん】⓪
名：招聘人员 Unit3-01

旧組織【きゅうそしき】❸
名：旧组织 Unit6-04

給料【きゅうりょう】❶
名：工资，薪水 Unit6-04

供給【きょうきゅう】⓿
名 / 他Ⅲ：供给，供应 Unit6-06

教示【きょうじ】❸
名 / 他Ⅲ：指教，指点 Unit3-03

行事【ぎょうじ】❶
名：仪式，活动 Unit5-01

興味【きょうみ】❶
名：兴趣，兴致 Unit8-02

協力【きょうりょく】⓿
名 / 自Ⅲ：合作，共同努力 Unit6-05

挙式【きょしき】⓿
名 / 自Ⅲ：举行仪式 Unit5-08

切り替える【きりかえる】⓿
他Ⅱ：改换，转换，兑换 Unit4-04

ぎりぎり ⓿
名：刚好，勉勉强强 Unit4-02

切れる【きれる】❷
自Ⅱ：短缺；切割 Unit4-01

謹啓【きんけい】⓿
名：谨启，敬启者 Unit1-06

勤務【きんむ】❶
名 / 自Ⅲ：勤务，工作 Unit1-05

近日中【きんじつちゅう】⓿
名：近期内，近日 Unit1-05

金融業【きんゆうぎょう】❺
名：金融业 Unit3-08

く

具合【ぐあい】⓿
名：状况，情况，健康情况，方便 Unit10-01

食う【くう】❶
他Ⅰ：吃，“食べる”的粗俗讲法 Unit6-08

空室【くうしつ】⓿
名：空房，空的房间 Unit7-06

くじ引き【くじびき】⓿
名：抽签 Unit5-02

崩す【くずす】❷
他Ⅰ：粉碎，摧毁，捣毁 Unit10-02

首【くび】⓿
名：脑袋，头 Unit10-01

組み立て【くみたて】⓿
名：组装 Unit6-11

グラフ ❶
名：图表 Unit4-01

グラフィックボード ❻
名：显卡 Unit8-01

クリア ❷
ナ / 他Ⅲ：鲜明；通过 Unit4-04

繰り合わせ【くりあわせ】⓿
名：安排，抽出，配合 Unit5-02

グリーン ❷
名：绿色 Unit9-03

クリスマス ❸
名：圣诞节 Unit4-05

繰り広げる【くりひろげる】❺
他Ⅱ：展开，进行 Unit6-02

苦しむ【くるしむ】❸
自Ⅰ：难受，困扰，吃苦 Unit8-04

暮れ【くれ】⓿
名：日暮，黄昏 Unit4-03

くれぐれも ❷
副：反复，周到，仔细 Unit1-06

クレジットカード ❻
名：信用卡 Unit6-10

苦労【くろう】❶
名 / 自Ⅲ / ナ：辛苦，劳苦 Unit5-03

け

経過【けいか】⓪
名／自Ⅲ：经过，过程 Unit9-01

計画【けいかく】⓪
名／他Ⅲ：计划，规划 Unit5-01

契機【けいき】❶
名：契机，转机 Unit6-07

経験【けいけん】⓪
名／他Ⅲ：经验，体验 Unit6-13

携行品【けいこうひん】⓪
名：携带物品 Unit6-06

掲載【けいさい】❶
名／他Ⅲ：登载 Unit2-01

経済的【けいざいてき】⓪
ナ：经济方面的，节省的 Unit2-04

軽微【けいび】❶
名／ナ：轻微，极少 Unit10-03

経理【けいり】❶
名／他Ⅲ：会计，经营管理，（职称）经理 Unit8-03

ケース ❶
名：箱子，案例 Unit5-05

恵贈【けいぞう】⓪
名／他Ⅲ：惠赠 Unit1-06

携帯電話【けいたいでんわ】❺
名：移动电话，手机 Unit5-06

経費【けいひ】❶
名：经费，开支 Unit6-07

決意【けつい】❶
名／自他Ⅲ：决心，决意 Unit2-01

欠陥【けっかん】⓪
名：缺陷，缺点 Unit6-09

結局【けっきょく】❹
名／副：结果，到头来，最后 Unit10-03

結構【けっこう】⓪
名／ナ／副：结构，布局；很好，充分；相当 Unit1-06

結婚披露宴【けっこんひろうえん】❺
名：结婚喜宴 Unit5-08

決済【けっさい】❶
名／他Ⅲ：结算，结账 Unit7-01

結集【けっしゅう】⓪
名／自他Ⅲ：集结，聚集 Unit5-06

欠席【けっせき】⓪
名／自Ⅲ：缺席 Unit5-01

限界【げんかい】⓪
名：界线 Unit8-04

見学【けんがく】⓪
名／他Ⅲ：参观 Unit1-01

研究生【けんきゅうせい】❸
名：学生研究员（日本大学的特殊制度，为研究特定主题、不以取得学位为目的的学生） Unit2-01

権限【けんげん】❸
名：权限 Unit5-05

検査【けんさ】❶
名／他Ⅲ：检查，检验 Unit8-01

原材料【げんざいりょう】❸
名：原料 Unit6-07

賢察【けんさつ】⓪
名／他Ⅲ：明察 Unit1-04

厳守【げんしゅ】⓪
名／他Ⅲ：严格遵守 Unit4-03

研修会【けんしゅうかい】❹
名：研讨会 Unit6-06

健勝【けんしょう】⓪
ナ：健康，强壮 Unit1-02

検証【けんしょう】⓪
名／他Ⅲ：验证 Unit4-04

検討【けんとう】⓿
名/他Ⅲ：研讨，讨论 Unit3-04

健闘【けんとう】⓿
名/自Ⅲ：奋斗 Unit3-05

検品【けんぴん】⓿
名/他Ⅲ：检查产品 Unit6-11

原本【げんぽん】❶
名：原本，原件 Unit3-04

件名【けんめい】⓿
名：名称 Unit5-01

こ

恋しい【こいしい】❸
イ：思慕的，思念的 Unit4-05

光栄【こうえい】⓿
名/ナ：光荣 Unit5-04

貢献【こうけん】⓿
名/自Ⅲ：贡献 Unit4-07

口座【こうざ】⓿
名：账户 Unit3-04

交際【こうさい】⓿
名/自Ⅲ：交往，交际 Unit5-08

高察【こうさつ】⓿
名：明察秋毫，明鉴 Unit5-11

口座振替【こうざふりかえ】❻
名：账户转账 Unit6-10

交渉【こうしょう】⓿
名/自Ⅲ：交涉，谈判 Unit6-12

向上【こうじょう】⓿
名/自Ⅲ：提升，向上 Unit3-07

厚情【こうじょう】⓿
名：深厚情谊 Unit1-04

工場【こうじょう】❸
名：工厂 Unit4-08

幸甚【こうじん】⓿
名/ナ：幸甚，十分光荣 Unit1-06

交代制【こうたいせい】⓿
名：交班制，交换制 Unit3-06

高騰【こうとう】⓿
名/自Ⅲ：高涨 Unit6-07

後任者【こうにんしゃ】❸
名：继任者 Unit1-03

高配【こうはい】⓿
名：（对于对方所给予的）关怀
（表示尊敬的讲法） Unit2-03

好評【こうひょう】⓿
名：好评，称赞 Unit4-14

公表【こうひょう】⓿
名/他Ⅲ：公布，发表 Unit5-07

広報【こうほう】❶
名：宣传，报导 Unit6-01

被る【こうむる】❸
他Ⅰ：戴，蒙受，遭受 Unit4-09

効率化【こうりつか】⓿
名：效率化，提高效率 Unit5-11

超える【こえる】⓿
自Ⅱ：越过，超出，超过 Unit5-06

コース ❶
名：课程，路线，过程 Unit2-01

コーナー ❶
名：柜台，角落 Unit5-03

ゴーヤ ⓿
名：苦瓜 Unit4-05

凍りつく【こおりつく】❹
自Ⅰ：冻结 Unit4-05

顧客【こきゃく】⓿
名：顾客，主顾 Unit7-03

告知【こくち】❶
名/他Ⅲ：告知，通知 Unit9-03

心が打たれる【こころがうたれる】❺
惯：深受感动 Unit4-12

心がける【こころがける】❺
他II：谨记在心，时时刻刻不忘记 Unit4-09

心苦しい【こころぐるしい】❻
イ：难受，于心不安 Unit3-02

心忙しい【こころぜわしい】❻
イ：心情烦躁，烦心 Unit4-03

心遣い【こころづかい】❹
名/自III：关怀，操心 Unit4-05

快い【こころよい】❹
イ：高兴，愉快 Unit4-12

心より【こころより】❸
副：打从心底 Unit4-14

コスモス ❶
名：大波斯菊 Unit4-06

個室【こしつ】⓪
名：单人房间，包厢 Unit5-10

後日【ごじつ】❶
名：日后，改天 Unit4-07

コスト ❶
名：成本，费用 Unit5-06

コストダウン ❶
名：生产成本下降 Unit6-08

応える【こたえる】❸
自II：回报，反应 Unit4-10

小包【こづつみ】❷
名：包裹 Unit6-12

言葉【ことば】❸
名：语言，言词，说法 Unit4-04

コミュニケーション ❹
名：交流，沟通 Unit6-06

ご覧に入れる【ごらんにいれる】❺
惯：看的敬语 Unit4-06

今回【こんかい】❶
名：此次，此番 Unit7-02

コントロール ❹
名/他II：控制，管理，驾驭，控球 Unit8-02

梱包【こんぽう】⓪
名/他III：包装，捆包 Unit7-01

さ

サークル ❶
名：同好会，圆周 Unit3-08

サーバー ❶
名：服务器，服务 Unit9-03

サービスセンター ❺
名：服务中心，客服中心 Unit3-07

サービス業【サービスぎょう】❺
名：服务业 Unit3-08

再開【さいかい】⓪
名/自III：重新进行，再开 Unit6-02

在勤中【ざいきんちゅう】⓪
名：在职期间 Unit1-04

再建【さいけん】⓪
名/他III：重修，重建 Unit10-03

在庫【ざいこ】⓪
名：库存，存货 Unit4-01

採算【さいさん】⓪
名：核算，收支平衡 Unit6-07

最小限【さいしょうげん】❸
名：最小或最低限度 Unit4-09

在職【ざいしょく】⓪
名/自III：在职，工作中 Unit1-03

最善【さいぜん】⓪
名：最完善，最好，全力 Unit4-10

催促【さいそく】❶
名/他III：催促，催讨 Unit9-03

最適【さいてき】⓪
名 / ナ：最合适，最适合 Unit5-11

サイト ❶
名：网站 Unit3-01

サイト ❶
名：（票据等）清账期限 Unit8-04

採用【さいよう】⓪
名 / 他Ⅲ：采用，录用，任用 Unit6-01

幸い【さいわい】⓪
副：幸而，正好 Unit5-11

探す【さがす】⓪
他Ⅰ：找寻，探索 Unit2-04

左記【さき】❶
名：下列，左边所书 Unit6-02

先【さき】⓪
名：尖儿，前方，将来 Unit2-04

先払い【さき払い】❸
名 / 他Ⅲ：预先付款；收件人付款 Unit4-03

削減【さくげん】⓪
名 / 自他Ⅲ：缩减，缩小 Unit3-06

支え合う【ささえあう】❺
自Ⅰ：互相支持 Unit4-06

細やか【ささやか】❷
ナ：小，微薄，简单 Unit4-05

差し上げる【さしあげる】⓪
他Ⅱ：给，赠与 Unit3-01

差し支え【さしつかえ】⓪
名：妨碍，打扰，（产生）问题 Unit7-04

刺身【さしみ】❸
名：生鱼片 Unit4-02

査収【さしゅう】⓪
名 / 他Ⅲ：查收，验收 Unit2-01

さぞ ❶
副：想必，一定是 Unit10-02

誘う【さそう】❸
他Ⅰ：邀请，引诱 Unit5-10

さぞかし ❶
副：想必，一定是 Unit10-02

殺到【さっとう】⓪
名 / 自Ⅲ：纷纷到来，蜂拥而至 Unit4-14

サポート ❷
他Ⅲ：支持，支援 Unit4-13

寒い【さむい】❷
イ：寒冷的 Unit6-05

サラリーマン ❸
名：上班族 Unit8-02

騒がせる【さわがせる】❹
他Ⅱ：骚动 Unit4-09

参加【さんか】⓪
名 / 自Ⅲ：参加，加入 Unit5-09

参上【さんじょう】⓪
名 / 自Ⅲ：拜访，造访 Unit1-04

サングラス ❸
名：太阳眼镜 Unit4-06

残念【ざんねん】❸
ナ：遗憾，可惜 Unit5-10

サンプル ❶
名：样品 Unit4-04

し

自愛【じあい】⓪
名 / 自Ⅲ：自爱，保重 Unit1-06

仕上がり【しあがり】⓪
名：完成，最后修饰 Unit4-06

シアターシステム ❺
名：（家庭）剧院系统 Unit5-03

幸せ【しあわせ】⓪
名 / ナ：幸福 Unit4-06

仕入先【しいれさき】⓪
名：供应商 Unit6-07

支援【しえん】⓪
名 / 他Ⅲ：支援 Unit1-04

仕方ない【しかたない】④
イ：没办法 Unit9-01

叱る【しかる】⓪
他Ⅰ：责骂，责备 Unit5-02

式典【しきてん】⓪
名：仪式，典礼 Unit5-05

至急【しきゅう】⓪
名 / 副：急速，火速 Unit7-03

事業推進【じぎょうすいしん】④
名：事业推广 Unit6-01

頻りに【しきりに】⓪
副：频繁地，再三地，强烈地 Unit8-01

仕切値【しきりね】⓪
名：成交价，售价 Unit6-08

資金繰り【しきんぐり】⓪
名：资金周转 Unit8-04

事項【じこう】❶
名：事项，项目 Unit3-04

持参【じさん】⓪
名 / 他Ⅲ：带来，带去 Unit6-06

支障【ししょう】⓪
名：故障，障碍 Unit7-05

事情【じじょう】⓪
名：情势，理由，状况，立场 Unit8-04

沈む【しずむ】⓪
自Ⅰ：沉没，沉沦 Unit4-03

システム ❶
名：系统，组织 Unit4-13

姿勢【しせい】⓪
名：态度，姿势 Unit9-03

子息【しそく】❷
名：儿子 Unit4-04

次第【しだい】⓪
接尾：立即，马上 Unit2-02

辞退【じたい】❶
名 / 他Ⅲ：辞退，谢绝 Unit3-02

従う【したがう】⓪
自Ⅰ：按照，跟随 Unit2-01

しっかり ❸
副 / 自Ⅰ：确实，结实，牢固 Unit5-06

実現【じつげん】⓪
名 / 自他Ⅲ：实现 Unit5-06

実験【じっけん】⓪
名：实验，体验 Unit5-01

実施【じっし】⓪
名 / 他Ⅲ：实施，实行 Unit3-06

実績【じっせき】⓪
名：实际成绩 Unit1-02

実働【じつどう】⓪
名 / 自Ⅲ：实际劳动 Unit6-04

シティ ❶
名：都市，城市 Unit7-06

自転車【じてんしゃ】❷
名：自行车 Unit4-03

品【しな】❷
名：物品，商品，东西 Unit1-06

品切れ【しなぎれ】⓪
名：缺货，卖光了 Unit8-01

品物【しなもの】⓪
名：物品，东西 Unit6-11

凌ぐ【しのぐ】❷
他Ⅰ：熬过，撑过 Unit4-06

支払い【しはらい】⓪
名 / 他Ⅲ：支付，付款 Unit6-10

暫く【しばらく】❷
副：暂时，不久 Unit4-05

ジム ❶
名：健身房，拳击练习中心-08-02

締め日【しめび】❷
名：结账日 Unit8-03

社会人【しゃかいじん】❷
名：社会人士 Unit6-09

社業【しゃぎょう】❶
名：公司的业务 Unit4-11

社風【しゃふう】⓪
名：企业文化，公司风气 Unit3-06

就職【しゅうしょく】⓪
名/自Ⅲ：就职，就业 Unit3-03

従事【じゅうじ】❶
名/自Ⅲ：从事 Unit3-03

修士号【しゅうしごう】⓪
名：硕士学位 Unit3-08

就任【しゅうにん】⓪
名/自Ⅲ：就任，就职 Unit1-02

従来【じゅうらい】❶
名/副：从前，以前，从来 Unit8-01

終了【しゅうりょう】⓪
名/自他Ⅲ：结束，做完 Unit4-14

需給【じゅきゅう】⓪
名：供求 Unit2-04

熟する【じゅくする】❸
自Ⅲ：成熟，熟练 Unit6-08

祝辞【しゅくじ】⓪
名：贺词 Unit1-02

宿泊【しゅくはく】⓪
名/自Ⅲ：投宿，住宿 Unit7-06

宿泊【しゅくはく】⓪
名/自Ⅲ：住宿，投宿 Unit1-01

主催【しゅさい】⓪
名/他Ⅲ：主办，举办 Unit5-09

種々【しゅじゅ】❶
名/副/ナ：各种，种种 Unit8-04

手術【しゅじゅつ】❶
名/他Ⅲ：手术 Unit5-09

受信【じゅしん】⓪
名/他Ⅲ：接收（邮件，短信等） Unit7-03

受注【じゅちゅう】⓪
名/他Ⅲ：接受订单 Unit4-01

出荷【しゅっか】⓪
名/他Ⅲ：出货，运送货物 Unit5-04

出願【しゅつがん】⓪
名/自他Ⅲ：报名，申请，提出请求 Unit2-01

出欠【しゅっけつ】⓪
名：出席和缺席 Unit5-07

出社【しゅっしゃ】⓪
名/自Ⅲ：到公司上班，出勤 Unit2-02

出世【しゅっせ】⓪
名/自Ⅲ：成功，出人头地 Unit6-13

出席【しゅっせき】⓪
名/自Ⅲ：出席 Unit5-01

出張【しゅっちょう】⓪
名/自Ⅲ：出差 Unit4-02

出張設定【しゅっちょうせってい】❺
名：到府设置 Unit6-04

出展【しゅってん】⓪
名/自Ⅰ：参展 Unit2-03

出品【しゅっぴん】⓪
名/自Ⅰ：展出作品，展出产品 Unit2-03

受納【じゅのう】⓪
名/他Ⅲ：收纳，收下 Unit1-02

需要【じゅよう】⓪
名：需要 Unit7-01

受領書【じゅりょうしょ】⓪
名：收据，验收单据 Unit6-10

竣工【しゅんこう】⓪
名 / 自Ⅲ：竣工，完工 Unit5-04

順調【じゅんちょう】⓪
名 / ナ：顺利，良好 Unit4-10

承引【しょういん】⓪
名 / 他Ⅲ：承诺，允诺 Unit6-07

紹介【しょうかい】⓪
名 / 他Ⅲ：介绍 Unit3-08

照会【しょうかい】⓪
名 / 他Ⅲ：照会，询问 Unit7-01

正月【しょうがつ】④
名：正月，过年，新年 Unit6-05

状況【じょうきょう】⓪
名：情况，状况 Unit4-04

条件【じょうけん】③
名：条件，条文 Unit2-04

照合【しょうごう】⓪
名 / 他Ⅲ：对照，核对 Unit6-11

詳細【しょうさい】⓪
名 / ナ：详细 Unit1-01

精進【しょうじん】❶
名 / 自Ⅲ：精进，专心致志 Unit4-14

招待【しょうたい】❶
名 / 他Ⅲ：招待，邀请 Unit5-02

招待状【しょうたいじょう】③
名：请帖，邀请函 Unit5-05

承諾【しょうだく】⓪
名 / 他Ⅲ：答应，承诺 Unit4-13

承知【しょうち】⓪
名 / 他Ⅲ：知道，赞成，允许 Unit5-02

ショート ❶
名：短路；短 Unit8-01

承認【しょうにん】⓪
名 / 他Ⅲ：同意，批准，承认 Unit2-02

情熱【じょうねつ】⓪
名：热情，激情 Unit3-08

笑納【しょうのう】⓪
名 / 他Ⅲ：笑纳 Unit1-06

商売【しょうばい】❶
名 / 自他Ⅲ：买卖，经营 Unit7-06

情報【じょうほう】⓪
名：资料，消息，情报 Unit7-03

消防署【しょうぼうしょ】③
名：消防队，消防署 Unit4-09

将来性【しょうらいせい】⓪
名：有希望，有前途 Unit4-03

食事【しょくじ】⓪
名 / 自Ⅲ：用餐，进餐 Unit1-01

食生活【しょくせいかつ】③
名：饮食习惯 Unit4-08

初心【しょしん】⓪
名 / ナ：初衷，初学 Unit6-08

所存【しょぞん】⓪
名：主意，想法，打算 Unit1-06

処置【しょち】❶
名 / 他Ⅲ：处理，处置，治疗 Unit9-03

書中【しょちゅう】⓪
名：书中，信中 Unit1-02

ショットメール ④
名：短息 Unit6-03

ショップ ❶
名：商店 Unit8-02

所定【しょてい】⓪
名：规定，所定 Unit7-02

署名【しょめい】⓪
名 / 自Ⅲ：署名，签名 Unit6-10

処分【しょぶん】⓪
名/他Ⅲ：处理，处分，卖掉 Unit6-08

書類【しょるい】⓪
名：文件，资料 Unit2-02

知らせ【しらせ】⓪
名：通知，告知 Unit5-04

調べる【しらべる】❸
他Ⅱ：调查，审查 Unit7-02

シリーズ ❷
名：系列，丛书 Unit6-09

進学【しんがく】⓪
名/自Ⅲ：升学 Unit2-01

新型【しんがた】⓪
名：新型 Unit2-02

新規【しんき】❶
名：新办理，新申请 Unit4-13

新居【しんきょ】❶
名：新家，新宅 Unit4-06

シングル ❶
名：单人房，单一 Unit7-06

真剣【しんけん】⓪
名/ナ：真刀真枪；严肃，认真 Unit4-08

人件費【じんけんひ】❸
名：人工费 Unit6-08

信号【しんごう】⓪
名：信号 Unit7-03

進出【しんしゅつ】⓪
名/自Ⅲ：进入，出动 Unit3-08

信じる【しんじる】❸
他Ⅱ：相信，信赖 Unit1-03

申請【しんせい】⓪
名/他Ⅲ：申请 Unit3-02

迅速【じんそく】⓪
ナ：迅速 Unit4-14

甚大【じんだい】⓪
ナ：非常大，莫大 Unit8-04

診断書【しんだんしょ】❺
名：诊断书 Unit2-02

新築【しんちく】⓪
名/他Ⅲ：新建，新建的房屋 Unit5-04

慎重【しんちょう】⓪
名/ナ：慎重 Unit3-04

進呈【しんてい】⓪
名/他Ⅲ：奉送，赠送 Unit5-06

心配【しんぱい】⓪
名/ナ/自他Ⅲ：担心，不安，操心 Unit4-09

親睦【しんぼく】⓪
名/自Ⅲ：和睦，亲近 Unit5-02

人脈【じんみゃく】⓪
名：人脉 Unit3-08

す

スイート ❷
名：套房 Unit7-06

スイッチ ❷
名：开关，交换 Unit7-05

炊飯器【すいはんき】❸
名：电饭锅 Unit4-03

末永く【すえながく】⓪
名：永久，恒常 Unit4-14

姿【すがた】❶
名：姿态，身影，打扮 Unit6-05

優れる【すぐれる】❸
自Ⅱ：出色，优秀 Unit5-09

スケジュール ❸
名：行程表，时间表，预定 Unit4-08

少しでも【すこしでも】❷
惯：即便少许 Unit4-07

過ごす【すごす】❷
他Ⅰ：过（日子，生活） Unit4-05

進む【すすむ】⓪
自Ⅰ：前进，进展 Unit4-10

スタッフ ❷
名：工作人员，职员 Unit4-14

すっかり ❸
副：完全，都 Unit4-02

素敵【すてき】⓪
ナ：极好，绝妙 Unit4-05

既に【すでに】❶
副：已经，即将 Unit6-10

ストーカー ⓪
名：跟踪狂 Unit4-05

ストーリー ❷
名：故事 Unit4-12

頭脳【ずのう】❶
名：智力，头脑 Unit6-06

スピーカー ❷
名：扩音器，喇叭 Unit5-09

すべて ❶
名/副：一切，全部，总共；全部 Unit6-09

済ませる【すませる】❸
他Ⅲ：弄完，偿清 Unit4-03

速やか【すみやか】❷
ナ：迅速 Unit4-14

寸前【すんぜん】⓪
名：边缘，迫近 Unit5-07

せ

精一杯【せいいっぱい】❸
ナ/副：竭尽全力 Unit6-13

清栄【せいえい】⓪
名：平安，健康（书信用语） Unit1-06

請求書【せいきゅうしょ】⓪
名：账单，申请书 Unit8-03

制御【せいぎょ】❶
名/他Ⅲ：驾驭，支配，控制 Unit3-01

政権【せいけん】⓪
名：政权 Unit5-05

税込み【ぜいこみ】⓪
名：含税 Unit4-03

生産ライン【せいさんらいん】❺
名：生产线 Unit5-04

正式【せいしき】⓪
名/ナ：正式，正规 Unit9-02

清祥【せいしょう】⓪
名：康泰 Unit3-04

静養【せいよう】⓪
名/自Ⅲ：静养 Unit5-10

精励【せいれい】⓪
名/自Ⅲ：勤奋 Unit4-03

セール ❶
名：销售，特价销售 Unit6-02

背負う【せおう】❷
他Ⅰ：背，背负，承担 Unit8-01

切に【せつに】❶
副：恳切地，迫切地 Unit8-01

せっかく ⓪
名/副：特意，好不容易，难得 Unit5-07

ゼミナール ❸
名：研讨会，讨论会 Unit3-08

是非【ぜひ】❶
副：务必 Unit2-03

是非とも【ぜひとも】❶
副：无论如何 Unit5-02

世話【せわ】❷
名/他Ⅲ：帮助，照顾 Unit1-06

専一【せんいつ】⓪
名/ナ：一心一意 Unit1-02

選挙【せんきょ】❶
名/他Ⅲ：选举，推举 Unit5-03

全快【ぜんかい】⓪
名/自Ⅲ：痊愈 Unit10-01

宣言【せんげん】❸
名/他Ⅲ：宣言 Unit5-02

専攻【せんこう】⓪
名/他Ⅲ：专攻，专修 Unit3-03

選考【せんこう】⓪
名/他Ⅲ：选拔 Unit3-05

全焼【ぜんしょう】⓪
名/自Ⅲ：全部烧毁，付之一炬 Unit10-03

センター ❶
名：中心 Unit5-03

選択式【せんたくしき】❹
名：选择题方式 Unit4-07

専念【せんねん】⓪
名/自他Ⅲ：一心一意，专心于… Unit4-09

占有率【せんゆうりつ】❹
名：占有率 Unit7-01

そ

添う【そう】⓪
自Ⅰ：符合，添加 Unit3-05

相違ない【そういなく】❹
イ：没有差异 Unit6-11

送金【そうきん】⓪
名/自他Ⅲ：汇款，寄钱 Unit8-03

サービス ❶
名：服务，招待 Unit6-08

送付【そうふ】❶
名/他Ⅲ：寄送，递送 Unit6-12

送料【そうりょう】❶
名：邮费，运费 Unit8-02

添える【そえる】⓪
他Ⅱ：伴随，添，加 Unit1-06

速達【そくたつ】⓪
名：急件，快递 Unit6-12

販促【はんそく】⓪
名：促销，“贩卖促进”的简写 Unit7-01

底【そこ】⓪
名：最底处，最底下，底部 Unit4-11

注ぐ【そそぐ】⓪
他Ⅰ/自Ⅰ：流入，灌注；（雨水）流入，降下 Unit4-07

育てる【そだてる】❸
他Ⅱ：培养，培育，扶养 Unit4-12

続行【ぞっこう】⓪
名/他Ⅲ：继续执行 Unit5-11

外【そと】❶
名：外面，室外 Unit6-05

備える【そなえる】❸
他Ⅱ：准备，预备，设置，具有 Unit6-02

粗品【そひん】⓪
名：薄礼 Unit1-02

ソフトウェア ❹
名：软件 Unit4-10

それぞれ ❷
副：各自，个别 Unit6-13

損失【そんしつ】⓪
名/自Ⅲ：损害，损失 Unit4-09

存じる【ぞんじる】❸
他Ⅱ：知道，想 Unit1-04

た

対応【たいおう】⓪
名/自Ⅲ：对应，应对 Unit1-03

大過【たいか】❶
名：大过错，严重错误 Unit1-04

大学院【だいがくいん】❹
名：研究所，研究生院 Unit3-08

大歓迎【だいかんげい】❸
名：非常欢迎 Unit5-01

代金【だいきん】⓪
名：货款 Unit8-03

滞在【たいざい】⓪
名/自Ⅲ：逗留，旅居 Unit4-08

大事【だいじ】❸
名/ナ：大事，大事业；重要，贵重，珍惜 Unit4-05

大至急【だいしきゅう】❸
名：非常紧急 Unit6-12

体制【たいせい】⓪
名：体制，制度，结构 Unit4-08

退席【たいせき】⓪
名/自Ⅲ：退席，离席，退场 Unit5-10

退社【たいしゃ】⓪
名/自Ⅲ：离职，下班 Unit1-05

退職【たいしょく】⓪
名/自Ⅲ：离职 Unit1-05

体調【たいちょう】⓪
名：健康状况 Unit2-02

タイプ ❶
名：种类，类型 Unit7-06

台風【たいふう】❸
名：台风 Unit4-08

大変【たいへん】⓪
名/ナ：重大，严重，非常 Unit1-03

耐える【たえる】❷
自Ⅱ：忍耐，克制，承担 Unit4-06

絶える【たえる】❷
自Ⅱ：断绝，终止，终了 Unit4-13

倒れる【たおれる】❸
自Ⅱ：倾倒，毁灭；昏倒，累倒 Unit2-02

互いに【たがいに】⓪
副：互相，双方，彼此 Unit4-06

高まる【たかまる】❸
自Ⅰ：高涨，提高 Unit4-13

高める【たかめる】❸
他Ⅱ：提高，抬高，提升 Unit6-02

多幸【たこう】⓪
名/ナ：多福，幸福 Unit3-02

確か【たしか】❶
ナ/副：确实，确切；大概，也许 Unit4-11

他社【たしゃ】❶
名：其他公司 Unit4-10

出す【だす】❶
他Ⅰ：拿出，产生，刊登，寄出 Unit7-05

訪ねる【たずねる】❸
他Ⅱ：访问 Unit4-10

多大【ただい】⓪
名/ナ：形容极多，极大 Unit1-05

只今【ただいま】❷
副：现在，刚刚，马上 Unit6-07

但書き【ただしがき】⓪
名：附加说明 Unit6-10

立ち寄る【たちよる】⓪
自Ⅰ：靠近，走近 Unit4-06

達人【たつじん】⓪
名：高手，达人 Unit4-06

タッチパネル ❹
名：触控面板 Unit8-02

立てる【たてる】❷
他Ⅱ：建立，订立，站起 Unit6-13

辿り着く【たどりつく】❹
自Ⅰ：达到，到达， Unit5-11

楽しみ【たのしみ】❸
名 / ナ：期望，愉快，乐趣 Unit1-01

頼み【たのみ】❸
名：请求，恳求 Unit4-10

度【たび】❶
名：次，回 Unit1-02

ダブル ❶
名：双人床房，两倍 Unit7-06

多分【たぶん】⓿
副：大概，或许 Unit5-10

多忙【たぼう】⓿
名 / ナ：繁忙，忙碌 Unit1-03

賜物【たまもの】⓿
名：赏赐，赏赐物品 Unit4-14

賜り【たまわり】❸
名：蒙受赏赐 Unit1-04

試す【ためす】❷
他Ⅰ：尝试，试验 Unit1-05

多用【たよう】⓿
名：事情多，繁忙，大量，使用 Unit5-06

多様【たよう】⓿
ナ：多种多样 Unit6-12

頼り【たより】❶
名：依靠，依赖，借助 Unit10-01

足りる【たりる】⓿
自Ⅱ：足够，值得 Unit7-03

段々【だんだん】❶
副：逐渐，渐渐 Unit6-03

担当【たんとう】⓿
名 / 他Ⅲ：担当，担任 Unit7-03

ち

違う【ちがう】⓿
自Ⅰ：不同，错误，差异 Unit4-04

力落とし【ちからおとし】❹
名：灰心，泄气，气馁 Unit10-03

力強い【ちからづよい】❺
イ：强而有力，有信心 Unit1-04

秩序【ちつじょ】❷
名：秩序 Unit4-14

チップ ❶
名：晶片 Unit3-03

因みに【ちなみに】⓿
接：顺带，顺便 Unit5-10

着々【ちゃくちゃく】⓿
副：稳定地，平稳地 Unit4-11

着目【ちゃくもく】⓿
名 / 他Ⅲ：着眼，注目 Unit5-09

着荷【ちゃっか】⓿
名：货物运到，到货 Unit6-10

チャレンジ ❷
名 / 自Ⅲ：挑战 Unit3-01

チャンネル ⓿
名：通道，频道 Unit4-10

駐在【ちゅうざい】⓿
名 / 自Ⅲ：驻点，驻在 Unit3-01

昼食【ちゅうしょく】⓿
名：午餐 Unit6-06

衷心【ちゅうしん】⓿
名：衷心，内心 Unit3-02

中途採用【ちゅうとさいよう】❹
名：在年度定期招募人员以外的时期所进行的人员招募。日本定期招募是针对4月应届毕业生所进行的。 Unit3-03

抽選【ちゅうせん】⓿
名 / 自Ⅰ：抽签 Unit2-03

注文【ちゅうもん】⓿
名 / 他Ⅲ：订购，订货，要求 Unit6-10

超高層ビル【ちょうこうそうびる】❼
名: 摩天大厦，摩天大楼 Unit5-04

調節【ちょうせつ】⓪
名／他Ⅲ: 调整，调节 Unit6-05

頂戴【ちょうだい】❸
名／他Ⅲ: 领受，收到（谦虚讲法） Unit4-11

直営店【ちょくえいてん】❸
名: 直营店 Unit5-03

つ

追加【ついか】⓪
名／他Ⅲ: 追加，添加 Unit4-04

ツイン ❶
名: 双人房 Unit7-06

通じる【つうじる】⓪
自他Ⅱ: 通，通往，接通 Unit6-03

通達【つうたつ】⓪
名／自他Ⅲ: 通知，通告 Unit6-07

通知【つうち】⓪
名／他Ⅲ: 通知，告知 Unit3-04

通帳【つうちょう】⓪
名: 存折 Unit3-04

通販【つうはん】⓪
名: "通信販売"的缩写，函售，邮购 Unit7-03

通報【つうほう】⓪
名／他Ⅲ: 通报，通知 Unit4-09

使える【つかえる】⓪
自Ⅱ: 能使用，可以用，派得上用场 Unit6-03

疲れ【つかれ】❸
名: 疲劳，疲倦 Unit4-05

付く【つく】❶
自Ⅰ: 察觉，附着，跟随 Unit4-02

尽くす【つくす】❷
他Ⅰ: 竭力，尽力 Unit1-04

告げる【つげる】⓪
他Ⅱ: 告诉，宣告 Unit4-12

都合【つごう】⓪
名: 方便合适（与否），准备，安排 Unit4-08

伝える【つたえる】⓪
他Ⅱ: 传达，告诉，转告 Unit6-03

続く【つづく】⓪
自Ⅰ: 继续，连接 Unit1-06

謹む【つつしむ】❸
他Ⅰ: 谨慎，慎重 Unit5-02

繋がる【つながる】⓪
自Ⅰ: 连接，联系 Unit5-09

罪【つみ】❶
名: 罪，罪恶 Unit3-05

強い【つよい】❷
イ: 强烈，激烈，坚固 Unit9-01

て

出会う【であう】❷
自Ⅰ: 遇见 Unit5-08

手厚い【てあつい】⓪
イ: 殷勤，热诚，丰厚 Unit4-12

定休日【ていきゅうび】❸
名: 定期休假日，公休日 Unit6-05

締結【ていけつ】⓪
名／他Ⅲ: 缔结，签订 Unit4-13

提示【ていじ】❷
名／他Ⅲ: 提示，出示 Unit2-04

提出【ていしゅつ】⓪
名／他Ⅲ: 提出 Unit6-06

呈する【ていする】❸
他Ⅲ: 呈现，呈递，交出 Unit6-08

丁寧【ていねい】❶
名 / ナ：很有礼貌，恭恭敬敬 Unit1-06

データ ❶
名：资料，数据 Unit4-07

テーマ ❶
名：主题，主题曲 Unit5-09

出掛ける【でかける】⓿
自Ⅱ：出门，出去 Unit7-03

出来上がる【できあがる】⓿
自Ⅰ：完成，做好 Unit6-12

できるだけ ⓿
副：尽可能，尽量 Unit9-02

手頃【てごろ】⓿
名 / ナ：适手，合适，与情况或能力相合 Unit5-09

テコンドー ❷
名：跆拳道 Unit4-12

デザイナー ❷
名：设计师 Unit3-05

デジタルカメラ ❺
名：数码相机 Unit5-06

手数【てすう】❷
名：费事，费心，麻烦 Unit3-03

手違い【てちがい】❷
名：出错，差错 Unit7-03

手作り料理【てづくりりょうり】❺
名：亲手做的菜肴 Unit4-12

手続き【てつづき】❷
名：手续 Unit4-03

手配【てはい】❷
名 / 自他Ⅲ：安排，筹备 Unit1-01

デメリット ❷
名：缺点，短处 Unit10-03

手元【てもと】❸
名：手边，手中 Unit8-03

テレビ ❶
名：电视 Unit5-03

点検【てんけん】⓿
名 / 他Ⅲ：检查 Unit9-03

展示会【てんじかい】❸
名：展览会 Unit2-03

転職【てんしょく】⓿
名 / 自Ⅲ：转行，调职 Unit1-05

添付【てんぷ】❶
名 / 他Ⅲ：添加，附上 Unit2-01

店舗【てんぽ】❶
名：店铺 Unit2-03

と

問い合わせ【といあわせ】⓿
名：询问，质问 Unit6-01

倒壊【とうかい】⓿
名 / 自Ⅲ：倒塌，倾倒 Unit10-02

倒産【とうさん】⓿
名 / 自Ⅲ：破产 Unit3-08

同氏【どうし】❶
名：她，指前文中出现的人物 Unit3-08

当初【とうしょ】❶
名 / 副：刚开始，最初 Unit6-04

同窓会【どうそうかい】❸
名：同学会 Unit5-11

導入【どうにゅう】⓿
名 / 他Ⅲ：导入，引进，引入 Unit4-13

投票権【とうひょうけん】❺
名：投票权 Unit5-03

同封【どうふう】⓿
名 / 他Ⅲ：附在信内，和信一起 Unit6-10

同様【どうよう】⓿
名 / ナ：同样，一样 Unit3-06

同僚【どうりょう】⓪
名：同事，同僚 Unit5-01

ドバイ ❶
名：迪拜 Unit5-04

登録【とうろく】⓪
名/他Ⅲ：登记，注册 Unit3-04

通して【とおして】❶
惯：经由，通过 Unit4-07

通り【とおり】❸
名/接尾：（接在名词后）原样，同样 Unit3-04

特約店【とくやくてん】❹
名：特约经销商 Unit2-04

得意【とくい】❷
名/ナ：得意，满意，擅长，拿手 Unit3-01

どこか ❶
惯：某处 Unit4-02

届く【とどく】❷
自Ⅰ：送达，到达 Unit6-11

整える【ととのえる】❹
他Ⅱ：整理，整顿 Unit5-04

戸惑う【とまどう】❸
自Ⅰ：迷惑，困惑 Unit4-06

ともども ❷
副：共同，一同 Unit4-10

伴う【ともなう】❸
自他Ⅰ：随同，伴随 Unit6-02

共に【ともに】⓪
副：共同，一同，跟随 Unit6-01

トラブル ❷
名：纷争，困扰，麻烦 Unit5-07

とりあえず ❸
副：急忙，暂且，首先 Unit1-02

取り扱う【とりあつかう】⓪
他Ⅰ：处理，使用，（店家之类）备有 Unit5-03

取り急ぎ【とりいそぎ】⓪
名：急速，立即 Unit1-01

執り行う【とりおこなう】⓪
他Ⅰ：举行，执行 Unit5-04

取り掛かる【とりかかる】❹
自Ⅰ：着手，开始 Unit4-04

取り組む【とりくむ】❸
自Ⅰ：着手，解决，全力处理 Unit5-11

取り込む【とりこむ】⓪
自Ⅰ：忙乱，装进 Unit4-04

取り込み【とりこみ】⓪
名：（因意外事故等）忙乱 Unit10-02

取り壊す【とりこわす】❹
他Ⅰ：破坏 Unit4-04

取り付ける【とりつける】❹
他Ⅰ：安装，说服 Unit4-04

取り計らう【とりはからう】❺
他Ⅰ：处理，照顾，安排 Unit7-01

取引【とりひき】❷
名/自Ⅲ：交易，贸易，买卖 Unit2-04

取引先【とりひきさき】⓪
名：客户，往来对象 Unit6-12

トリプル ⓪
名：三人房 Unit7-06

取りやめ【とりやめ】⓪
名：中止，停止 Unit5-11

取り分け【とりわけ】⓪
名/副：平手；（作副词时通常不用汉字）特别，格外 Unit4-12

な

なかなか ⓪
副：颇，很，非常 Unit5-01

流れ【ながれ】❸
名：河流，水流，倾向，趋势 Unit4-11

仲良く【なかよく】❸
副：亲密，关系好 Unit6-01

鳴き声【なきごえ】❸
名：鸟类的叫声，啼声 Unit4-02

亡くなる【なくなる】⓪
自Ⅰ：死亡，过世 Unit10-03

馴染み【なじみ】❸
名：熟识 Unit5-02

捺印【なついん】⓪
名/自Ⅲ：盖章 Unit6-10

懐かしい【なつかしい】❹
イ：怀念的，思慕的 Unit4-02

撫で下ろす【なでおろす】❹
他Ⅰ：松一口气，安心 Unit10-02

何卒【なにとぞ】⓪
副：请，等于どうぞ Unit5-11

鉛【なまり】⓪
名：铅 Unit6-07

並びに【ならびに】⓪
接：和，及 Unit2-03

成り下がる【なりさがる】❹
自Ⅰ：沦落，没落 Unit4-05

慣れる【なれる】❷
自Ⅱ：习惯 Unit4-06

何なり【なんなり】❶
副：不管什么，无论什么 Unit10-02

何らか【なんらか】❹
副：什么，某些，多少 Unit9-01

なんとしても ❶
惯：无论如何 Unit4-02

に

ニーズ ❶
名：需求，需要 Unit6-02

二次会【にじかい】❷
名：第二轮，主要活动结束之后另外举行的活动 Unit5-07

日時【にちじ】❶
名：（行程方面的）日期 Unit5-01

日産【にっさん】⓪
名：每日产量 Unit5-04

日程【にってい】⓪
名：日程 Unit3-06

入院【にゅういん】⓪
名/自Ⅲ：住院 Unit4-08

入金【にゅうきん】⓪
名/自Ⅲ：汇款，付款 Unit9-01

ニュース ❶
名：新闻，事件 Unit10-02

入浴剤【にゅうよくざい】❹
名：沐浴时加入浴池的东西 Unit4-05

人気者【にんきもの】⓪
名：红人，受欢迎的人 Unit3-08

ぬ

抜ける【ぬける】⓪
自Ⅱ：脱落，穿过 Unit4-11

ね

値上げ【ねあげ】⓪
名：涨价，调涨 Unit6-07

値下げ【ねさげ】⓪
名：降价 Unit6-08

値段【ねだん】⓪
名：价格 Unit2-04

ネット環境【ねっとかんきょう】❹
名：网络环境 Unit6-04

狙い【ねらい】⓪
名：目的，目标 Unit2-04

練り上げる【ねりあげる】❹
他II：反复琢磨，推敲 Unit5-11

念じる【ねんじる】⓪
动：念念不忘，祈祷 Unit1-02

の

納期【のうき】❶
名：货品交货日期，款项的缴纳期限 Unit4-03

ノートパソコン ❹
名：笔记本电脑 Unit6-08

納入【のうにゅう】⓪
名/他III：缴纳 Unit2-03

納品【のうひん】⓪
名/他III：交货，缴纳物品 Unit7-01

納品書【のうひんしょ】⓪
名：交货单 Unit6-11

納品受領書【のうひんじゅりょうしょ】⓪
名：商品收据 Unit6-11

能力【のうりょく】❶
名：能力 Unit1-05

残り【のこり】❸
名：剩余，剩下 Unit7-03

のみ ❶
助：只有，光是 Unit7-02

飲み会【のみかい】❷
名：聚餐，酒会 Unit5-07

乗り越える【のりこえる】❹
自II：越过，跨过，度过 Unit4-11

のんびり ❸
副/自III：悠闲，无拘无束 Unit5-04

は

把握【はあく】⓪
名：掌握，充分了解 Unit4-08

パーティー ❶
名：宴会，集会，党派 Unit1-01

ハードディスク ❹
名：硬盘 Unit6-08

パートナー ❶
名：伙伴，合伙人 Unit2-04

倍旧【ばいきゅう】⓪
名：甚于以往，更甚以往 Unit1-05

バイク ❶
名：摩托车 Unit4-02

拝見【はいけん】⓪
名/他III：看，瞻仰 Unit3-01

拝察【はいさつ】⓪
名/自III：推测，推想 Unit9-01

媒酌【ばいしゃく】⓪
名/他III：介绍人，做媒 Unit5-08

拝受【はいじゅ】❶
名/他III：领受，接受 Unit2-04

配属【はいぞく】⓪
名/他III：（人员）分配 Unit6-01

配達証明【はいたつしょうめい】❺
名：投递证明 Unit6-12

配置【はいち】❶
名/他III：配置，部署 Unit2-03

入る【はいる】❶
自I：进入，闯入，参加 Unit4-10

図る【はかる】❷
他I：企图，协商 Unit6-04

博する【はくする】❸
他III：博得，获得 Unit7-01

莫大【ばくだい】⓪
名/ナ：莫大 Unit7-05

歯車【はぐるま】❷
名：齿轮 Unit4-02

励まし【はげまし】⓪
名：鼓励，激励 Unit5-08

励む【はげむ】❷
自Ⅰ：努力，勤勉 Unit2-01

運ぶ【はこぶ】⓪
他Ⅰ：搬运，运送，移步 Unit4-06

箸【はし】❶
名：筷子 Unit7-04

外す【はずす】⓪
他Ⅰ：取下，摘下 Unit7-03

パソコン ⓪
名：电脑 Unit2-04

働く【はたらく】⓪
自Ⅰ：工作 Unit3-01

発見【はっけん】⓪
名/他Ⅲ：发现 Unit6-07

発送【はっそう】⓪
名/他Ⅲ：发送，寄送 Unit4-01

発注【はっちゅう】⓪
名/他Ⅲ：订货，订购 Unit9-02

発展【はってん】⓪
名/自Ⅲ：发展，扩展 Unit5-11

発売【はつばい】⓪
名/他Ⅲ：发售，出售 Unit4-01

話【はなし】❸
名：谈话，谈话的内容，商量 Unit4-10

跳ね上がる【はねあがる】❹
自Ⅰ：跳起来，弹起来 Unit4-13

浜辺【はまべ】❸
名：海滨 Unit4-03

早まる【はやまる】❸
自Ⅰ：加快，轻率 Unit5-06

早め【はやめ】⓪
名/ナ：早一点，加快 Unit7-06

遙か【はるか】❶
ナ/副：远远，遥远 Unit5-06

晴れ姿【はれすがた】❸
名：美丽的样子，盛装打扮 Unit5-08

晴れる【はれる】❷
自Ⅱ：放晴 Unit4-07

繁華街【はんかがい】❸
名：闹市 Unit5-03

半額【はんがく】⓪
名：半价 Unit6-08

万障【ばんしょう】❷
名：一切障碍，万难 Unit5-05

反省【はんせい】⓪
名/他Ⅲ：反省，检讨，重新考虑 Unit2-02

半田付け【はんだづけ】⓪
名：焊接 Unit8-01

販売【はんばい】⓪
名/他Ⅲ：贩售，出售 Unit4-01

パンフレット ❹
名：小册子，简介 Unit7-01

判明【はんめい】⓪
名/自Ⅲ：明确，弄清楚 Unit7-03

ひ

被害【ひがい】❶
名：受害，损害，损失 Unit4-09

引き上げる【ひきあげる】❹
自Ⅱ/他Ⅱ：返回，回归；吊起 Unit3-08

引き受ける【ひきうける】❹
他Ⅱ：承包，接受，承担，负责 Unit9-02

引き移る【ひきうつる】❹
自Ⅰ：迁移，搬迁 Unit4-06

引き続き【ひきつづき】⓪
名：接着，继续，连续 Unit1-03

引き立てる【ひきたてる】④
他II: 提拔，关照，鼓励 Unit1-06

日頃【ひごろ】⓪
名/副: 平时，平常 Unit1-02

久しぶり【ひさしぶり】⓪
名/ナ: 隔了许久，好久 Unit4-12

ビジネス ❶
名: 商业，业务 Unit3-08

必死【ひっし】⓪
名: 拼命 Unit5-02

必着【ひっちゃく】⓪
名: 必定送达 Unit9-02

偏に【ひとえに】❷
副: 完全，专心，诚心诚意 Unit4-14

一方ならぬ【ひとかたならぬ】❻
惯: 格外，非常 Unit4-03

人柄【ひとがら】⓪
名/ナ: 人品，品格 Unit3-08

一人暮らし【ひとりぐらし】④
名: 单身生活，独居 Unit4-12

日々【ひび】❶
名: 每天 Unit3-06

評価【ひょうか】❶
名/他III: 评价，评估，审核 Unit8-01

標記【ひょうき】❶
名/他III: 标上题目，标记，标示 Unit6-10

病欠【びょうけつ】⓪
名/自III: 因病缺席 Unit2-02

開く【ひらく】❷
自他I: 开始；打开，张开，
展开 Unit6-06

微力【びりょく】⓪
名: 绵薄之力 Unit1-04

披露【ひろう】❶
名/他III: 宣布，公布 Unit5-08

ふ

ファイル ❶
名: 档案，资料 Unit3-04

ファックス ❶
名: 传真 Unit6-10

ファッション ❶
名: 流行，流行服饰，时尚 Unit8-02

増える【ふえる】❷
自II: 增加，增多 Unit8-04

深い【ふかい】❷
イ: 深远，深刻 Unit1-05

深める【ふかめる】❸
他II: 加深，加强 Unit2-01

不況【ふきょう】⓪
名: 不景气，萧条 Unit4-11

含める【ふくめる】❸
他II: 包含，包括 Unit7-01

復旧【ふっきゅう】⓪
名/自他III: 修复，复原，恢复原状 Unit7-02

復興【ふっこう】⓪
名/自他III: 复兴，重建，复原 Unit10-02

伏して【ふして】❶
副: 恳切，由衷 Unit8-04

無沙汰【ぶさた】⓪
名: 久未通信，疏于联系 Unit4-02

相応しい【ふさわしい】④
イ: 适合的，相称的 Unit3-08

無事【ぶじ】⓪
ナ: 平安，健康 Unit4-14

部署【ぶしょ】❶
名: 工作岗位，职守 Unit6-01

不足【ふそく】⓪
名/ナ/自Ⅲ：不足，缺乏 Unit7-05

負担【ふたん】⓪
名/他Ⅲ：负担，承担，背负 Unit8-02

普通郵便【ふつうゆうびん】④
名：平信 Unit6-12

復帰【ふっき】⓪
名/自Ⅲ：重返，恢复 Unit4-09

不束者【ふつつかもの】②
名：驽钝，不周到 Unit4-06

船便【ふなびん】⓪
名：通航，通船，海运 Unit6-10

赴任【ふにん】⓪
名/自Ⅲ：赴任，上任 Unit1-04

不本意【ふほんい】②
名/ナ：并非本意，情非得已，逼不得已 Unit3-05

踏み出す【ふみだす】③
自他Ⅰ：踏出，迈出 Unit4-06

不明【ふめい】⓪
名/ナ：不清楚，不详 Unit4-01

部品【ぶひん】⓪
名：零件 Unit2-03

フランス ⓪
名：法国 Unit6-05

フランチャイズチェーン ⑦
名：连锁加盟店 Unit4-13

振り【ぶり】⓪
造：表示时间的经过 Unit4-02

振り返る【ふりかえる】③
自Ⅰ：回顾，回头看 Unit4-11

振込む【ふりこむ】③
他Ⅰ：存入，汇入 Unit6-11

プリンター ②
名：印刷机，打印机 Unit6-09

振るう【ふるう】⓪
他Ⅰ：奋起，踊跃 Unit5-01

ブレーキ ②
名：制动器，刹车 Unit6-10

プレゼント ②
名：礼物，赠品 Unit4-05

プレッシャー ②
名：（精神上的）压力 Unit9-02

プロセス ②
名：程序，处理 Unit3-03

分析【ぶんせき】⓪
名/他Ⅲ：分析 Unit4-07

分野【ぶんや】①
名：领域，范围 Unit2-01

へ

平服【へいふく】⓪
名：便衣，便服 Unit5-08

弊社【へいしゃ】①
名：敝公司 Unit2-03

別途【べっと】⓪
名/副：其他途径，其他方式 Unit5-08

ベッド ①
名：床 Unit7-06

ベテラン ⓪
名：经验丰富者，经验老到者 Unit3-08

部屋【へや】②
名：房间 Unit7-06

勉強不足【べんきょうぶそく】⑤
惯：经验不足，知识不够 Unit4-07

変更【へんこう】⓪
名/他Ⅲ：变更，更改 Unit5-11

返事【へんじ】❸
名 / 自Ⅲ：回答，回信 Unit4-01

返信【へんしん】⓪
名 / 自Ⅲ：回信，回电 Unit9-01

返送【へんそう】⓪
名 / 他Ⅲ：回寄，送回 Unit3-04

鞭撻【べんたつ】⓪
名 / 他Ⅲ：鞭策 Unit1-04

返答【へんとう】❸
名 / 他Ⅲ：回答，回信，回覆 Unit9-03

ほ

ポイント ❶
名：分数，点数 Unit6-02

俸給【ほうきゅう】⓪
名：薪俸，工资 Unit3-07

防災対策【ぼうさいたいさく】❺
名：防灾对策 Unit4-08

芳情【ほうじょう】⓪
名：（您的）好意，深情厚意 Unit1-05

報じる【ほうじる】⓪
他Ⅱ：报导，报告 Unit10-02

忘年会【ぼうねんかい】❸
名：年终联欢会 Unit5-02

訪問【ほうもん】⓪
名 / 他Ⅲ：访问，拜访 Unit9-03

フォーム ❶
名：形式，格式 Unit5-01

ホール ❶
名：大厅，讲堂，会堂 Unit5-06

ホームページ ❹
名：网页，首页 Unit3-03

補強する【ほきょう】⓪
名 / 他Ⅲ：强化，补强 Unit6-02

保守【ほしゅ】❶
名 / 他Ⅲ：保养，维护，维修 Unit9-03

募集【ぼしゅう】⓪
名 / 他Ⅲ：募集，招募 Unit3-03

補助金【ほじょきん】⓪
名：补助金，津贴 Unit5-01

ほっとする ⓪
自Ⅲ：松了一口气，放心的样子 Unit5-10

施す【ほどこす】❸
他Ⅰ：施行，施舍 Unit6-02

ほぼ ❶
副：几乎，大略，大体上 Unit7-05

本件【ほんけん】❶
名：本案，这件事 Unit6-01

ま

参る【まいる】❶
自Ⅰ：去，来的敬语 Unit4-06

前倒し【まえだおし】❸
名：（预算，期限之类）往前移 Unit7-02

任す【まかす】❷
他Ⅰ：委托，委任 Unit5-10

正に【まさに】❶
副：真正，的确，即将，将要 Unit4-11

益々【ますます】❷
副：更加 Unit1-02

まだまだ ❶
副：仍，尚，还 Unit6-01

間違いない【まちがいなく】❸
名：错误，错过，不确实 Unit6-11

間違える【まちがえる】❹
他Ⅱ：弄错，搞错 Unit4-09

待つ【まつ】❶
他Ⅰ：等候 Unit5-07

まったく ⓿
副：完全，全然，实在 Unit5-07

末筆【まっぴつ】⓿
名：书信结尾用语，顺祝 Unit3-02

窓口【まどぐち】❷
名：窗口 Unit6-04

間に合う【まにあう】❸
自I：赶得上，来得及 Unit7-05

招く【まねく】❷
他I：招致，招呼，招待，宴请 Unit4-11

真冬【まふゆ】⓿
名：隆冬，寒冬 Unit4-11

万が一【まんがいち】❸
名/副：万一 Unit9-01

満足【まんぞく】❶
名/自III：满足，满意；符合要求 Unit6-09

真ん中【まんなか】⓿
名：正中央 Unit5-03

み

見合わせる【みあわせる】⓿
他II：互相对照，互看，暂缓，观望 Unit9-02

見える【みえる】❸
自II：看得见，看到，似乎 Unit4-14

見送る【みおくる】⓿
他I：放过，送行 Unit3-02

見込み【みこみ】⓿
名：希望，预料，估计 Unit4-09

未熟【みじゅく】⓿
名/ナ：不成熟，不熟练 Unit4-06

ミス ❶
名：错误，失败 Unit3-07

自ら【みずから】❶
副/代：亲自，亲身；自己 Unit3-05

見せる【みせる】❷
他II：给……看 Unit5-08

満たす【みたす】❷
他I：满足，充满 Unit7-06

見付かる【みつかる】⓿
自I：被发现，能发现 Unit7-06

見つける【みつける】⓿
他II：找到 Unit1-05

見積書【みつもりしょ】⓿
名：估价单 Unit6-13

見直す【みなおす】⓿
他I：重新评估，重新认识 Unit4-08

見なす【みなす】⓿
他I：看作，认为 Unit3-04

見習生【みならいせい】❺
名：见习生，见学生，学徒 Unit8-02

ミニスカート ❹
名：迷你裙 Unit6-05

ミネラルウォーター ❻
名：矿泉水 Unit6-06

見逃す【みのがす】⓿
他I：看漏，错过，饶恕，宽恕 Unit5-01

未払い【みばらい】❷
名：未付 Unit9-02

見本【みほん】⓿
名：样品 Unit2-03

見舞い【みまい】⓿
名：探望，问候，慰问 Unit4-09

魅力的【みりょくてき】⓿
ナ：有魅力的 Unit2-04

む

迎え【むかえ】⓿
名：迎接 Unit5-04

迎える【むかえる】⓪
他II：迎接，迎敌，接待 Unit10-01

昔話【むかしばなし】④
名：过去的事，往事 Unit4-12

報い【むくい】⓪
名：因果报应，报酬，回报 Unit4-02

向こう【むこう】⓪
名：对面，对方 Unit4-11

蒸し暑い【むしあつい】④
イ：闷热的 Unit5-08

難しい【むずかしい】⓪
イ：难办，复杂 Unit5-06

結ぶ【むすぶ】⓪
他I：结合，连结，建立关系 Unit4-11

旨【むね】②
名：意思，要领，主旨 Unit9-01

胸を打たれる【むねをうたれる】④
惯：深受感动 Unit4-12

無念【むねん】①
名/ナ：悔恨，遗憾 Unit10-02

無理【むり】①
名/ナ：勉强，不合理，强制 Unit10-01

無料【むりょう】⓪
名：免费 Unit4-04

め

迷惑【めいわく】①
名/自III：麻烦，困惑，为难 Unit1-03

メール ①
名：邮件（一般指电子邮件） Unit6-03

めがね ①
名：眼镜 Unit4-06

目指す【めざす】②
他I：以……作为目标 Unit6-01

メゾネット ⑥
名：两层式的公寓单元，楼中楼 Unit7-06

メモリー ①
名：存储器；记忆 Unit6-08

メリット ①
名：优点，长处，价值 Unit10-03

面接【めんせつ】⓪
名/自III：面试 Unit3-02

も

設ける【もうける】③
他II：预备，准备，设置 Unit1-01

申し込み【もうしこみ】⓪
名：申请，提议，应征 Unit2-03

申込書【もうしこみしょ】⓪
名：申请书 Unit2-03

申し込む【もうしこむ】④
他I：申请，提出，应征，报名 Unit2-01

申し付ける【もうしつける】⑤
他II：吩咐，命令，指示 Unit1-01

申し分【もうしぶん】⓪
名：缺点，不满意的地方，意见 Unit7-04

持ち主【もちぬし】②
名：所有者，持有者 Unit3-07

勿論【もちろん】②
副：当然 Unit5-01

持つ【もつ】①
他I：拥有，拿，携带 Unit5-03

最も【もっとも】③
副：最，顶 Unit8-02

持て成し【もてなし】⓪
名：款待，接待，请客 Unit4-12

基づく【もとづく】③
自I：基于，根据 Unit6-13

元通り【もとどおり】❸
名：原来的样子 Unit4-09

物凄い【ものすごい】❹
イ：剧烈，猛烈 Unit4-05

催す【もよおす】❸
他Ⅰ：举办，主办 Unit3-06

盛りだくさん【もりだくさん】❸
名：非常多 Unit5-02

や

行約束【やくそく】⓿
名/他Ⅲ：约定 Unit5-07

約束手形【やくそくてがた】❺
名：期票 Unit7-04

役立つ【やくだつ】❸
自Ⅰ：有用，帮上忙 Unit4-13

優しい【やさしい】⓿
イ：温柔的，优美的，安详的 Unit4-12

休み【やすみ】❸
名：休假，休息，就寝 Unit2-02

達する【たっする】⓿
自他Ⅲ：到达，达到 Unit8-04

やむなく ❷
副：无可避免，不得已，无可奈何，不得不 Unit9-01

やむを得ず【やむをえず】❹
惯：无可避免，不得已，无可奈何，不得不 Unit9-01

辞める【やめる】⓿
他Ⅱ：辞去，辞职 Unit1-03

遣り取り【やりとり】❷
名/他Ⅲ：往来，交换，互换 Unit3-08

ゆ

有意義【ゆういぎ】❸
名/ナ：有意义，有价值 Unit4-08

優秀【ゆうしゅう】⓿
名：优秀 Unit3-08

優先【ゆうせん】⓿
名/自Ⅲ：优先 Unit7-02

郵送【ゆうそう】⓿
名/他Ⅲ：邮寄 Unit5-05

猶予【ゆうよ】❶
名/自Ⅲ：延期，缓期，犹豫 Unit8-01

行き違い【ゆきちがい】⓿
名：未能遇到，阴错阳差，错开 Unit8-03

油断【ゆだん】⓿
名：疏忽大意，缺乏警戒 Unit4-09

夕日【ゆうひ】⓿
名：夕阳 Unit4-03

委ねる【ゆだねる】❸
他Ⅱ：委托 Unit4-01

ゆっくり ❸
副/自Ⅲ：慢慢地，安稳地 Unit4-05

許す【ゆるす】❷
他Ⅰ：饶恕，准许，允许 Unit3-05

揺れる【ゆれる】⓿
自Ⅱ：摇晃，不稳定 Unit4-06

よ

酔う【よう】❶
自Ⅰ：酒醉，晕（船，车） Unit4-05

様式【ようしき】⓿
名：样式，格式 Unit4-04

洋室【ようしつ】⓿
名：西式房间 Unit7-06

容赦【ようしゃ】❶
名/他Ⅲ：留情，原谅，姑息 Unit8-03

要請【ようせい】⓿
名/他Ⅲ：请求，要求，先决条件 Unit8-04

要望【ようぼう】⓪
名/他Ⅲ：要求，迫切期望 Unit1-01

用命【ようめい】⓪
名：吩咐，嘱咐 Unit6-12

予算【よさん】⓪
名：预算 Unit3-06

由【よし】❶
名：理由，缘故 Unit1-02

養生【ようじょう】❸
名/自Ⅲ：养病，养生，疗养 Unit10-01

予想【よそう】⓪
名/他Ⅲ：预料，预测 Unit6-08

予測【よそく】⓪
名/他Ⅲ：预测，预料 Unit9-01

予定【よてい】⓪
名/他Ⅲ：预定 Unit3-03

よろしく ❷
副：适当，应该，请关照，请指教 Unit6-09

予約【よやく】⓪
名/他Ⅲ：预约，预定 Unit9-03

余裕【よゆう】⓪
名：剩余，充裕，从容 Unit4-04

弱弱しい【よわよわしい】❺
イ：孱弱，软弱 Unit4-02

ら

来駕【らいが】❶
名/自Ⅲ：驾临，大驾光临 Unit5-03

来客数【らいきゃくすう】❺
名：来客数，到客数 Unit5-03

来場【らいじょう】⓪
名/自Ⅲ：到场，出席 Unit5-06

来臨【らいりん】⓪
名/自Ⅲ：光临，驾临 Unit5-06

落成式【らくせいしき】❸
名：竣工典礼，落成典礼 Unit5-04

ラジカセ ⓪
名：收音机 Unit5-10

ランク ❶
名：等级，顺序 Unit5-09

り

リード ❶
名/他Ⅲ：领先，领导 Unit3-01

履行【りこう】⓪
名/他Ⅲ：履行，实践 Unit9-03

リスク ❶
名：风险，危险 Unit9-03

リスト ❶
名：一览表，目录 Unit6-08

立派【りっぱ】⓪
ナ：伟大，壮观，崇高，出色 Unit4-04

リムジンバス ❺
名：机场接送大巴 Unit7-06

略儀【りゃくぎ】⓪
名：简略方式 Unit4-14

略式【りゃくしき】⓪
名：简便方式，简略方式 Unit4-11

流出【りゅうしゅつ】⓪
名/自他Ⅲ：外流，流出 Unit7-03

隆昌【りゅうしょう】⓪
名：兴隆，繁荣 Unit4-13

流通【りゅうつう】⓪
名/自Ⅲ：流通 Unit4-13

料金【りょうきん】❶
名：费用，使用费 Unit2-03

了承【りょうしょう】⓪
名/他Ⅲ：知道，晓得 Unit3-07

臨席【りんせき】⓪
名 / 自Ⅲ：出席 Unit4-14

る

ルート ❶
名：道路，途径 Unit6-07

ルーム ❶
名：房间 Unit7-06

礼儀正しい【れいぎただしい】
ナ：有礼貌，进退得宜 Unit4-12

れ

レストラン ❶
名：餐厅 Unit4-10

連休【れんきゅう】⓪
名：连续假期，连休 Unit6-05

連携【れんけい】⓪
名 / 自Ⅲ：联合，合作 Unit4-10

レンズ ❶
名：镜头，镜片 Unit7-03

ろ

ロビー ❶
名：大厅，走廊 Unit4-03

ロイヤル ❶
名：皇室，皇家，高贵 Unit5-06

労働【ろうどう】⓪
名 / 自Ⅲ：劳动，工作 Unit5-05

わ

若者向け【わかものむけ】⓪
名：面向年轻人 Unit5-03

別れ【わかれ】❸
名：分别，别离，分手 Unit4-12

湧く【わく】⓪
自Ⅰ：涌出，涌现 Unit4-09

わざわざ ❶
副：特地，特意 Unit4-05

和室【わしつ】⓪
名：日本式房间 Unit7-06

僅か【わずか】❶
副 / ナ：仅，少，微小 Unit6-08

渡り【わたり】⓪
名：渡，在此指从……到…… Unit1-04

渡る【わたる】⓪
自Ⅰ：渡，过，迁徙 Unit6-09

詫びる【わびる】⓪
他Ⅱ：道歉，谢罪 Unit1-03

割合【わりあい】⓪
名 / 副：比例，比较起来 Unit7-04

割引【わりびき】⓪
名 / 他Ⅲ：打折，折扣 Unit6-08

英语语法实用大全
【韩】张秀溶 著
9787553755878

英语阅读分解大全
【韩】尹尚远 著
9787553754420

考来考去都考这些新托业单词
曾韦婕 张慈庭 著
9787553755861

我的枕边英语书：这些，成就独一无二的你（升级版）
李文昊 【美】金姆 著
9787553757209

我的枕边英语书：刹那花开，你我邂逅美丽（升级版）
李文昊 【美】金姆 著
9787553757193

我的枕边英语书：看天，看雪，看时间的背影（升级版）
李文昊 【美】金姆 著
9787553757216

路未央花已遍芳——那些动人的英文诗
【英】威廉·华兹华斯 等 著
9787553754628

鲜花与尘土——泰戈尔哲理诗选
【印】泰戈尔 著
9787553754734

梦与莲花——泰戈尔浪漫诗选
【印】泰戈尔 著
9787553754727

穿指流沙细数年华——那些发人深省的英语哲理美文
【美】欧内斯特·米勒尔·海明威 等 著
9787553754710

世间所有相遇，都是久别重逢——纪伯伦散文诗选
【黎巴嫩】纪伯伦 著
9787553754741

掌握标准韩国语 2（全 2 册）
【韩】祥明大学国际语言文化教育学院教材开发部 著
9787553755915

10000 单词考遍天下
易人外语教研组 编著
赵昂 方宁 主编
9787553752693

一看就会的英语语法书
【韩】林梅花 著
9787553749372

观光旅游英语通
郑仰霖 著
9787553750446

终极英语单词（实战篇+提升篇）
易人外语教研组 编著
董春磊 主编
9787553741949

说来说去就这 6000 句
易人外语教研组 编著
卢巧巧 孟皎 主编
9787553745107

宋米秦带你用韩文去旅行
【韩】宋米秦 著
9787553745909

谢怡芬带你用英文去旅行
谢怡芬 著
9787553741772

零基础学好英语语法
邱律苍 著
9787553755854

终极制霸 15000 单词大全集
易人外语教研组 编著 李文昊 主编
9787553746425

英语必备语法测试大全集
郑莹芳英语教学团队 著
9787553742939

轻松玩转旅游英语大全集
许澄瑄 编著
9787553742946

微英听：1 分钟变身英语听力王
强森 张家玠 著
9787553740164